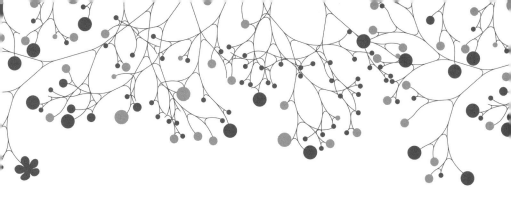

図解でわかる
シーケンス制御の基本

望月 傳 [著]

増補改訂
レベルアップ版

技術評論社

すいせんの言葉

　フォード社が、オートメーション（Automation）という概念を発表してからすでに半世紀たちました。今や日本の産業界にFA（Factory Automation）技術が普及定着し、隆盛を極めていることはご承知のとおりです。

　このようなFAの普及に、シーケンス制御技術の果たした役割は極めて大きく、わけてもシーケンサの出現は画期的な進展をもたらしたといっても過言ではありません。

　それに伴い、シーケンス制御技術は、各分野の技術者にとって重要性を増し、必須の技術になってきており、新たにシーケンス制御技術の習得を目指す方々が増えてきています。

　しかしながら、シーケンス制御技術は、初心者にとって、とらえどころのない勉強しにくい技術のようです。

　なにによらず、習い事は基本が大切であり、原理とか基礎的仕組みをきちんと理解すれば、自分の力で新しい発見をし、そして自分の力で考えを展開していくことができます。本書は、このような観点から、まとめられた入門書です。

　著者は、長年FAの技術者として第一線で活躍してこられたベテランです。新しいシステムの開発、現場における様々な問題の解決、あるいは若い技術者の育成など豊富な体験を持つ著者が、この体験を生かして初心者にとって読みやすいように工夫を凝らしています。

　私も原稿を一読しましたが、とくに電気や自動制御に関する専門知識のない方々にとっても、やさしく読みやすい入門書になっていると思います。

　本書によって、シーケンス制御を勉強されて、さらに大きく飛躍をされて産業界の一層の発展に寄与されるよう期待してやみません。

平成10年9月
株式会社清康社
代表取締役社長　武田恒夫

まえがき

　昭和50年に前著「シーケンス制御の基本」を上梓し、以後今日まで大変多くの方々に読んでいただき、著者として望外の喜びでした。

　一方では、年月が経過して関連技術の長足の進歩を遂げる中で、内容的に古きに過ぎたるところが目立ち始め、また各種関連規格の変更などがあり、責任を痛感していたところです。

　このたび技術評論社より、改訂の出版のチャンスをいただき、調査検討を重ねて全面的に書き直すことができました。

　もとよりシーケンス制御技術は、初心者にとってとらえどころのない勉強しにくい技術であることは事実です。

　これは、シーケンス制御技術が経験やノウハウによる部分が多いことと、制御対象に関する広範な知識が不可欠であることによるものと考えられます。

　制御機器の選定や制御回路技術の一つ一つには難解なところは多くないのですが、その積み重ね方によって結果に優劣が大きく出てくることがあります。

　シーケンス制御回路は、少ない要素の組み合わせで多くの意味と機能をもたせることができ、一見やさしく見えて実はやさしくないという一面があり、初心者にとって一つの大きな壁になっています。

　このような点を十分考慮し、読者の皆さんの身近なところにあるやさしい題材を例に取り上げて、一つ一つをきちんと理解し、知らず知らずのうちにこの壁を乗り越えることができるよう工夫をしたつもりです。

　本書を習得されて、これをベースにさらに一歩進めて近年におけるマイクロエレクトロニクス技術の傑作であるシーケンサを使いこなして、FAの目標を達成されるよう希望いたします。

　最後に、不十分な点が少なくないと思いますが、読者の皆さんのご叱咤、ご批判をお寄せくださいますようお願い申し上げます。

平成10年9月

望月　傳

改訂の言葉

　本書「図解でわかるシーケンス制御の基本」は1998年に上梓し、以来大変多くの方に支持していただき、好調裏に経緯し、2014年にこれまでにいただいたご意見、ご質問等にお応えする形で第二版を上梓いたしました。

　2015年に、技術評論社より「さらに一段とやさしいシーケンス制御の本」をというご要望を受け、「ゼロから学ぶシーケンス制御入門」を上梓いたしました。

　やさしく書くという難しさに苦しみながらやっとの思いで完成させましたが、結果として上記2冊の本の間に内容の難易度に関してバランスを欠く箇所が多く目に付き、これを解決する目的で、今回の第三版の上梓ということになった次第です。

　今回の改定の内容的骨子は、シーケンス制御回路の回路技術のレベルアップを目的とするもので要約すると下記のとおりになります。

　1) 制御機器の項に、「可変速電動機とその使い方」を新設。

　2) 制御回路の項に、「自動運転の制御回路の組み方」を新設。

　3) 高度な回路技術のための参考例とその応用回路を加えた。

　1) の可変速電動機は、制御装置の操作性の向上と、高速化などの制御内容の質的向上に極めて高い効果を発揮するもので、その使い方の基本を詳説しました。

　2) の自動運転回路の組み方ではその基本的回路の形を解説し、その最も基本となる「自己保持回路の継なぎ」のデリケートな問題の詳察を試み、回路技術の向上に役立つ内容といたしました。

　3) の高度な回路技術の項では、普通ではなかなか思いつかない高度に入り組んだ制御回路の設計に役立つ内容です。

　この解説のために、リレー式コンピュータの基本である重要な「リレー式フリップフロップ回路」とその応用回路のいくつかを参考例として解説しました。

　上述の、意のあるところをご理解いただき、本書によってさらに上位を目指していただくことになれば著者の望外の喜びとするものであります。

　読者の皆さんのご健闘を祈ります。

平成30年3月

望月　傳

目 次

すいせんの言葉 iii

まえがき v

改訂の言葉 vi

第1章 自動化・省力化は、まずシーケンス制御から 1

1 シーケンス制御とはどんなものか 2

1.1 簡易自動化から無人運転まで 2

　希望の効果を得るには 2

　地道な工夫でうまくいく自動化 3

1.2 シーケンス制御の意義と効果 3

1.3 最近のシーケンス制御 4

　Column フォード社におけるロボットの受注合戦の思い出 6

2 シーケンス制御の構成と信号の流れ 7

2.1 シーケンス制御信号の流れ 7

2.2 制御器具の基本動作とその信号 10

　押しボタンスイッチの動作と信号 12

　リミットスイッチの動作と信号 13

　リレーの動作と信号 14

2.3 接点信号の伝わり方 16

第2章 シーケンス制御入門のための電気の基礎知識 19

0 最小限の電気の基礎 20

1 制御用電気回路 21

1.1 制御器具の接続 21

1.2 接点の接続 22

1.3 母線と共通線 23

1.4 制御回路電圧 24

vii

2 電気機器の容量計算 25
  2.1 直流回路の消費電力 25
  2.2 単相交流回路の消費電力 27
  2.3 三相交流回路の消費電力 28
  2.4 三相交流電動機回路の計算の実際 29

3 電磁石について 30

4 オンオフ信号の伝達を妨げる現象 31

5 無接点出力回路 33
  Column 私のライフワーク（制御） 34

6 電気接続図 35
  6.1 接続図の規格 35
  6.2 縦書きと横書き 36

第**3**章 シーケンス制御入門の入門 39

1 自己保持回路 40
  Column 自己保持回路は記憶回路 41

2 実際のシーケンス制御回路の入門の入門 44

3 シーケンス制御回路の優れた特色 47
  Column なぜシーケンス制御が難しいと感じるか 48

第**4**章 シーケンス制御に使われる電気器具 49

0 基本的なシーケンス制御用器具 50

1 操作器具・表示器具 51
  1.1 操作器具 53
    (1) 押しボタンスイッチ 53
    (2) 切換スイッチ 56
      切換スイッチ 56
      カムスイッチ 57
      トグルスイッチ 58
    (3) その他のスイッチ 58
      ジョイスティックスイッチ 58
      デジスイッチ 59

	1.2	表示器具	60
		(1) 表示ランプ	60
		(2) デジタル表示器	62
		(3) 指示電気計器	64

2 制御器具 65

	2.1	電磁継電器	65
	2.2	限時継電器	67
	2.3	カウンタ	69
	2.4	電磁開閉器	71
		(1) 電磁開閉器の構成	71
		(2) 熱動形過電流継電器	72
		(3) 電磁開閉器の動作	74
		(4) 電磁開閉器の制御回路図	75

3 検出器具 76

	3.1	センサ	76
	3.2	リミットスイッチ	78
		(1) マイクロスイッチ	79
		(2) 近接スイッチ	81
		(3) 光電スイッチ	82
	3.3	その他の検出器具	84
		プレッシャースイッチ	84
		フロートスイッチ	84
		温度スイッチ	84
		Column シンドラー社製エレベータ事故の原因と責任	85

4 駆動制御機器 86

	4.1	電動機	87
	4.2	三相誘導電動機	88
		(1) 特長	89
		(2) 特性	89
		始動トルク	90
		停動トルク	90
		全負荷トルク (定格トルク)	90
		同期速度	91
		すべり (スリップ)	91
		始動電流	91
		全負荷電流 (定格電流)	91
		効率	91

ix

4.3　可変速電動機 92
　　（1）三相誘導電動機＋インバータ 94
　　　　（1）インバータの原理 94
　　　　（2）PWMの原理 95
　　　　（3）インバータの特徴 97
　　（2）ブラッシュレスDCモータ 99
　　（3）サーボモータ 101
4.4　可変速電動機の活用法の基礎 103
　　（1）仕様の理解 103
　　（2）回転速度の変化によるトルクと出力 105
　　（3）電動機容量の算定法 106
4.5　電磁クラッチ 112
　　（1）電磁クラッチの動作 112
　　（2）電磁ブレーキ 113
　　（3）オフブレーキ 114
4.6　ソレノイドバルブ 116

5　その他の器具 118
5.1　その他の器具概説 118
　　　　過電流しゃ断器 118
　　　　変圧器 118
　　　　安定化電源ユニット 118
　　　　盤用冷却ユニット 119
　　　　ノイズフィルタ 119
5.2　過電流しゃ断器 119
　　（1）配線用しゃ断器の種類 121
　　　　一般配線用 121
　　　　分電盤用 121
　　　　電動機回路用 121
　　　　家庭用 121
　　　　漏電しゃ断器 121
　　（2）配線用しゃ断器の機能 121
　　（3）過電流引き外し装置 122

第5章　シーケンス制御回路の読み方・書き方 125

1　回路を学ぶ前に 126
1.1　目で追って読むシーケンス制御回路 126
1.2　シーケンス制御回路図に表されない約束事 126
1.3　タイムチャートを利用した回路の読み方 127

	1.4	図面の種類	130
		a）シーケンス制御回路図	130
		b）操作盤スイッチ配置図	130
		c）制御盤内部接続図	130
		d）電気（制御）機器配置図	130
		e）配線系統図	131
		f）部分図（補足説明図）	131
		g）電気部品表	131

2　シーケンス制御回路のABC　132

2.1　論理と論理回路　132

2.2　論理素子　134

2.3　基本論理回路　135

(1) AND（論理積）回路　135

Column スイスで見た日の丸に涙　136

(2) OR（論理和）回路　137

(3) NOT（否定）回路　138

(4) フリップフロップ（Flipflop）回路　139

2.4　基本的な機能の制御回路　140

(1) 複数の位置から操作する運転回路　141

(2) 優先回路　142

(3) 先優先回路　143

(4) 後（新入力）優先回路　144

(5) 直列優先（順序）回路　145

(6) 並列優先回路　146

(7) タイマ回路　147

2.5　デジタル回路型応用回路　150

(1) エンコード（Encode）回路　150

(2) デコード（Decode）回路　151

(3) フリップフロップ回路　153

2進カウンタ型フリップフロップ回路　153

4ステップリングカウンタ　155

1入力オンオフ回路　157

(4) 計数回路（シフト回路）　159

3　電動機制御のABC　162

3.1　主回路と制御回路　162

3.2　電動機制御回路　164

(1) 三相誘導電動機運転回路　164

(2) 外部信号による電動機運転　165

(3) 可逆運転回路とインターロック　166

(4) 自己保持回路による運転　169

xi

(5) 自己保持回路による正転・逆転 170

(6) 寸行運転・連続運転 171

4 自動運転のためのシーケンス制御回路の組み方 173

(1) 自動運転回路の構成 173

(2) 自動運転回路の操作とその制御動作 174

(3) 自己保持回路の切り替え動作に対する詳察 176

(4) 切り替え動作の問題に関する理論的解明 178

5 システム化への挑戦 182

6 インターロックのとり方 185

(1) 反対動作のインターロック 185

(2) 機械的干渉を避けるインターロック 187

(3) 時間に関するインターロック 189

(4) デュアルサーキットによるインターロック 190

Column 企業の盛衰 191

7 シーケンス制御回路設計上の注意 192

(1) 制御回路電圧 192

(2) 制御器具（接点）の電流容量 193

(3) リレー接点の信頼性を向上させる使い方 193

(4) 信号（接点）のチャタリングの影響を除去する回路 195

(5) 停止のための回路の原則 195

1) 押しボタンスイッチによる停止 196

2) リミットスイッチによる停止 196

(6) 安全な停止のための動作方向 197

1) 送り制御に4ポート2位置式ソレノイドバルブ（片ソレ）を用いる方法

.... 198

2) 適切なタイプのブレーキの選定 199

第6章 シーケンサ入門 201

0 プログラマブルコントローラ 202

1 シーケンサとは何か 203

Column FA史に輝くエポックメーキング 207

2 シーケンサの構成 208

Column コンピュータ制御 209

3 シーケンサの種類 210

3.1 ユニット型シーケンサ 210

3.2 ビルディングブロック型シーケンサ 211

4 シーケンスプログラミング 213

4.1 シーケンスプログラミングの実際 214
(1) 基本シーケンス命令 215
(2) キーボードによるシーケンスプログラミング 217
LD命令とOUT命令 218
LDI命令 220
AND命令とANI命令 221
OR命令とORI命令 222
ANB命令 223
ORB命令 224
補助 (内部) リレーM 225
OUTT (タイマ) 命令 226
OUTC (カウンタ) 命令 227
その他の命令 228

4.2 シーケンスプログラミングの注意事項 228
プログラムの順序 228
コイルの位置 229
ブリッジ回路 230
分岐出力回路 231
二重出力 231

4.3 ラダー図の実例 231

5 シーケンサの選び方 233

5.1 柔軟性 233

5.2 拡張性 234
規模の拡張 234
制御内容の拡張 235

資料　JIS電気用図記号　JIS C 0617 (抜粋) 237
資料　文字記号　JEM1115 (抜粋) 250
索引 253

xiii

1

自動化・省力化は、まずシーケンス制御から

1 シーケンス制御とはどんなものか

1.1 簡易自動化から無人運転まで

　今日の日本の産業の隆盛を築くのに、FA（Factory Automation）技術が重要な役割を果たしてきました。このFA技術の中心的技術が、自動制御技術です。

　自動制御技術は長足の進歩を遂げ、そして今もなお進歩発展を続けています。特にマイクロエレクトロニクスの技術は、自動制御の質の面で革命的な変化をもたらし、あらゆる産業分野に加速度的に普及していきました。

　例えば、マイクロエレクトロニクス技術の応用により、近接スイッチや光電スイッチなどの器具やシーケンサ（PLC・Programmable Logic Controller）のような制御ユニットなどが、高性能で高品質のまま小型化され、しかも値段は安く、種類もバラエティー豊かに開発されています。そしてこれらを利用することで、生産の高効率を目的とした機械の自動化（FA）や工場の無人化が、容易に実現できるようになりました。

● 希望の効果を得るには

　一口に自動化（FA）といっても、非常にたくさんの方式があります。また、そのFAの取り入れられ方のレベルも、安価で簡単なものから、大がかりな無人化システムの構築のような高級なものまで多岐にわたっています。

　いろいろな自動化の方式が活躍しているわけですが、希望どおりの効果を得ることは、そう簡単ではありません。

　現場をよく見ると、もう少し工夫を加えれば、さらに効果が上がると考えられる残念な場合が少なくないのです。例えば、本来機械的手法で実現するべきところを、安易に電気的な方式を使って間に合わせたため、安全性や信頼性の面で問題を起こしている場合もあります。

　もともと一人の人間がやっていた仕事を、完全に自動化して機械にやらせることは、たいへんに難しいことです。これは、一人の人間の作業を分析してみると驚くほどたくさんの動作ステップとたくさんの高度な判断思考ステップから構成されていることが分かります。

第**1**章 自動化・省力化は、まずシーケンス制御から

● 地道な工夫でうまくいく自動化

技術的には成功したが、トータルでは失敗という例もあります。例えば、自動制御技術の発展を背景に、最新のマイクロエレクトロニクスを応用した技術を駆使して技術的に成功したとしても、コストパフォーマンスから見て失敗だったというケースもあります。

さらに、維持するためのメインテナンスで手に負えなくなったというケースもあります。

これに対して、ちょっとした工夫で2台の機械の操作盤を一カ所に集め、連動運転をさせて省力化させたり、またリミットスイッチ1個を取り付けるだけで、インターロックさせて操作ミスをなくし、危険防止に成功した事例などがあります。**このように地道ですが、簡単な工夫によって確実に実効を上げている例も、たいへん多いものです。**

このように「ちょっとした工夫」があれば、シーケンス制御の技術を使うことで、自動化や省力化が「簡単」にでき、しかも安価に実効を上げられます。このため、シーケンス制御の技術的手法による「簡易自動化」や「LCA（Low Cost Automation）」の技術が普及しているのです。

私達はFAとか自動制御とか聞くと、すぐに大規模な工場の無人運転制御システムや、コンピュータコントロールなどを思い浮かべがちです。

しかし、FAの目的に沿った、確実に成果を上げられるテーマは、むしろ身の回りの簡単な機械装置に多いのです。

そこで、シーケンス制御技術を使って、手っとり早く身近な生産現場の機械や装置の自動化から始め、次第に高度化を目指していくことをお勧めいたします。

そのために、まず自動化の基本的手法であるシーケンス制御について考えてみましょう。

1.2 シーケンス制御の意義と効果

自動制御とは、JISの自動制御用語によると、「機械や装置あるいは系統などの対象となっているものに、ある目的に適合するように所要の操作を加えること」を制御といい、これを「制御装置によって自動的に行うこと」が自動制御であると定義されています。

自動制御には、フィードバック制御による場合と、シーケンス制御による場合と、またこの二つが組み合わされている場合とがあります。

フィードバック制御は、「フィードバックによって制御量の値を目標値と比較し、

3

それを一致させるように訂正動作を行う制御」です。

　例えば、運転中の機械や装置に対して、その制御結果である温度や速度の精度を向上させたり、動作速度を向上させたりします。

　一方、**シーケンス制御**は、「あらかじめ定められた順序、または一定の論理によって定められた順序に従ってプロセスの制御の各段階を逐次進める制御（JIS Z 8116)」です。

　例えば、機械に行わせる動作を順序正しく覚えさせておくと、始動ボタンを押すだけで、後は全部制御装置がやってくれるため、作業者が不要になるなど人員の節減ができるわけです。

　要するに、**フィードバック制御は、制御内容の質的向上に威力を発揮し、シーケンス制御は、運転や操作の自動化・省力化を果たす役割です。**

　シーケンス制御では「あらかじめ次の段階で行うべき制御動作が定められていて、前段階で制御動作を完了した後に、一定時間経過してから次の動作に移行する場合や、制御結果に応じて次に行うべき動作を選定して次の段階に移行する場合」などが組み合わされています。

　ちょっとややこしい表現になりましたが、言い換えれば、機械や装置に行わせたい一つ一つの動作やその順序、さらには誤操作や事故の発生の際の対策などを制御装置に記憶させておき、記憶させた順序やルールに従って自動的に各制御動作を進めていく制御であるといえます。

　したがって一つ一つの動作の順序や、各段階における機械のいろいろな条件によって、次に出す命令を選ぶ判断機能も制御装置が記憶できることが重要であり、これがシーケンス制御装置の特質となります。

　このように、人員の節減に直接効果があるシーケンス制御技術こそが、簡易自動化やLCAの基礎的中心をなす技術となっているのです。

1.3　最近のシーケンス制御

　以前は、リレー回路によって構成されたシーケンス制御回路、いわゆるリレーシーケンスを使用することが普通でした。現在では、制御内容の複雑化や高度化の要請が高まるにつれて、前述のようなマイクロエレクトロニクス技術を応用したさまざまな優れた制御器具や装置が開発され普及してきました。

その代表選手がシーケンサ（PLC・Programmable Logic Controller）です。
シーケンサは近年における高度に発達した電子技術、デジタル技術を駆使した、いわば工業用専用コンピュータともいうべきものです。

リレーやタイマなどの制御器具を使用したシーケンス制御装置では、一度組み立てて配線して完成させると、その装置の機能は固定されてしまいます。もしも完成後にその機能を変更しようとすると、配線をやり直すなど、手間と時間がかかります。

これに対してシーケンサでは、ノートパソコンなどを利用した入力装置を使用して、簡単に機能を変更したり追加することができます。

特に複雑で高度な制御を必要とする場合には、設計も当然難しく、現場での調整や試運転が欠かせません。

このようなときに強力な武器となります。

また、制御装置の製作段階で、制御機能仕様が明確になっていない場合などには、シーケンス機能設計を後回しにして作業工程を進めることができるなど、しかかり期間の短縮や納期短縮に大きなメリットがあります。その上、小形で信頼性も高く、今やシーケンス制御の主役になっています。

コンピュータ技術をベースにしていることから当然といえば当然のことですが、機能もどんどん発達し、単なるシーケンス制御にとどまらず、サーボコントロールやグラフィックディスプレイもできます。さらに、LAN（Local Area Network）の構築もできるなど、日ごとに開発が進み応用範囲が広がっています。

シーケンサでは、シーケンスロジック回路をコンピュータのプログラミングに似た方法で作成します。もちろん作成のための専用のハードとソフトが用意されていて、その取り扱いも簡単で電気の専門知識のない人にも容易にできるように工夫されています。さらに、シーケンサの各メーカではトレーニング教室を開いていて、初心者の入門を歓迎しています。

したがって、皆さんの勉強次第では、高度な無人化システムの構築も容易かつ自由自在にできます。

しかし、**その第一歩は何といっても「シーケンス制御の入門」**です。

シーケンス制御の基本を理解していなければ、近年における「デジタル制御技術の傑作」も使いこなすことはできません。

シーケンス制御の中で、最も理解しにくい原理的な部分を、やさしい「リレーシーケンス」を理解することによって習得し、大いなるスタートを切ることにしましょう。

Column　フォード社におけるロボットの受注合戦の思い出

　25年ほど前、アメリカが日本の生産技術を学ぼうと躍起となっている時代のことで、デトロイトのフォード社より、車の部品の加工ラインへの材料供給用ロボットの引き合いを受け、国内の某機械メーカとの連合チームで臨んだときのことです。

　競合相手は、古くからフォード社に出入りしている現地のメーカで、その受注合戦はなんと受注元であるフォード社のスタッフを審判とする論戦だったのです。

　大テーブルを挟んで対峙し、双方で自社のロボットの優秀性をアピールする論戦が始まりましたが、言葉が不自由な我々日本軍の不利はどうしようもなく、フォード社の提案により先方の質問に私達が文書で答える形をとることとなりました。

　回答書の期限は翌日の午前10時と告げられました。

　先方の最大関心事は制御方式であり、したがって質問の主たる内容は制御システムであり、当然我が陣営の制御担当である私が回答書を担当することになり、ホテルに帰って辞書首っ引きで、夜中の3時ごろまで頑張って回答書を書き上げました。

　翌日、黒板に図を描きながらジェスチュアを交えて、たどたどしい英語で、必死で説明し、ほぼ終わりに近くなったとき、先方陣営の制御担当であるトムクルーズによく似たすがすがしい若きスタッフがスックと立ち上がり、私に向かって近付いてきて握手を求め、にっこり笑って何かを言ってくれました。

　その言葉の中で「Have a good luck」とだけは聞き取ることができました。

　受注元のフォード社のスタッフの方々も、次々と私達の席の方に来てくれて祝福してくださったときの感激はいうまでもなく、ハンサムでフェアーな好青年と握手したときの手の感触と共に生涯忘れることのできない思い出となりました。

シーケンス制御の構成と信号の流れ

　FAの目的を達成するための基本的中心技術は自動制御技術であり、その中でもシーケンス制御技術が非常に広範囲な分野で直接的に重要な役割を果たしています。

　応用のスタイルもたいへんバラエティーに富み、技術的レベルの面から見ても簡単なものから高級難解なものまで多岐にわたっていますが、シーケンス制御技術の基本は同じです。

　シーケンス制御回路は、その最も基本的かつ中心となる**自己保持回路にアンド、オア、ノットの基本ロジック回路を組み合わせて構成**された回路であり、どんなに高度な制御システムでも、この単純な基本回路を、その目的や機能に応じて一つ一つ積み重ねて構築されています。

　本書では、この基本シーケンス制御回路をベースにして、これをさらに発展させた形の高度な回路技術の習得を目指します。

　FAの目標実現のための自動化を成功させるためには、まず対象となる機械や装置について、どのように運転制御するかをあらかじめよく知っている必要があります。

　制御対象の機械的構造や補助装置となる油圧装置の特性などの長所を生かし、これらを効率よく組み合わせ、さらに操作性や安全性、そして経済性などについても検討しておく必要があり、これら**各項を手際よく実現するためには高度で難解な回路の開発が必要**であり、そのための予備知識となる種々の制御回路を学びます。

　ここでは、まずシーケンス制御の構成と信号の流れについて学びます。

2.1　シーケンス制御信号の流れ

　シーケンス制御系は、操作スイッチによりシステムに命令を与える操作盤と、この信号を受けて制御信号を発信する、いわば頭脳の働きをする制御盤と、この信号を受けて所定の働きをする制御対象としての機械の三者により構成されています。

　操作盤には押しボタンスイッチや切換スイッチなどの操作器具と、信号や動作を表示する表示ランプが取り付けられています。制御盤には、リレーやタイマなどの制御器具が組み込まれ配線され、電源が供給されています。

機械本体には、機械を駆動するためのモータや電磁クラッチなどの駆動機器、機械の動作状況を検知するためのリミットスイッチや近接スイッチなどの検出器具が組み込まれています。
　写真1.1に制御盤の内部構造を示し、そして図1.1 (a) は機械を運転制御するための信号の流れの様子を示す説明図です。

▲写真1.1　制御盤の外観

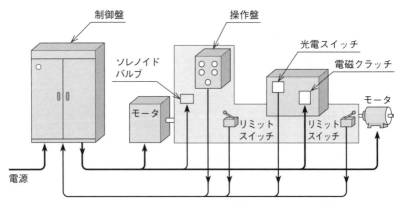

▲図1.1 (a)　シーケンス制御信号の流れ

第1章 自動化・省力化は、まずシーケンス制御から

　今、操作盤の押しボタンスイッチを押すと、制御信号は操作盤から制御盤に伝わります。信号を受けると制御盤の内部のシーケンス制御回路が働き、電磁開閉器を動作させることで制御盤からモータに電気が供給され、回転を始めます。

　また電磁クラッチも同様に制御盤からの信号を受けて作動し、機械の可動部分、例えば搬送用テーブルなどを駆動します。

　リミットスイッチや近接スイッチは、可動部分の両端のストロークエンドに取り付けられていて、可動部分がストロークエンドにくると、リミットスイッチまたは近接スイッチが働き、その信号（位置信号）を制御盤に送ります。制御盤内のシーケンス制御回路は、この信号を適切に判断して電磁継電器により電磁クラッチへの電流を切り、可動部分の移動を停止させます。

　操作盤には、表示ランプなどの表示器具が取り付けられていて、機械の運転状態がオペレータに分かるように表示されます。

　以上がシーケンス制御における制御信号の流れです。

　すでにお分かりのように、**シーケンス制御回路は、この装置の中で頭脳の働きをしています。**

　このシーケンス制御回路を中心に置いて、信号の流れの方向を整理して考えてみるとそれは図1.1 (b) に示すように、シーケンス制御回路に「入ってくる信号」と「出て行く信号」があることです。

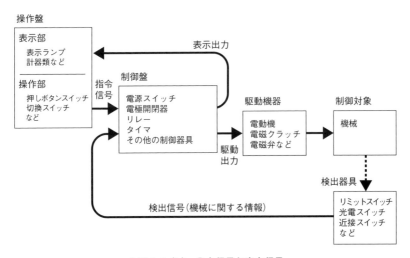

▲図1.1 (b)　入力信号と出力信号

一般に、この**入ってくる信号を入力信号**、**出て行く信号を出力信号**と呼んでいます。

これは制御系の学習を進めていく上で重要な考え方ですから、よく理解して覚えていただきたいと思います。

2.2 制御器具の基本動作とその信号

シーケンス制御では「ON」と「OFF」の二つの信号を使って制御を進めていきます。

「ON」は、電気回路上の二つの端子が電気的につながっている状態をいい、「OFF」は、二つの端子の間が電気的に切れている状態をいいます。

二つの端子を接続（ON・オン）したり、切断（OFF・オフ）したりするための開閉素子が「電気接点（単に「接点」ともいう）」です。

接点には、図1.2に示すように三つのタイプ、それぞれ「A接点」、「B接点」、「C接点」があります。

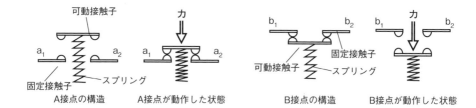

(a) A接点の構造と働き　　　　　　　(b) B接点の構造と働き

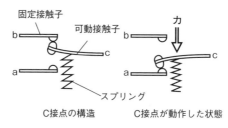

(c) C接点の構造と働き

▲図1.2　接点の構造と働き

同図 (a) はA接点で、常時はオフしていて力を加え（動作させ）たときにオンする
接点であり、メーク（Make）接点、またはNO（Normal Open）接点とも呼ばれている
ものです。

同図 (b) はB接点で、常時はオンしていて力を加え（動作させ）たときオフする接
点であり、ブレーク（Break）接点、またはNC（Normal Close）接点とも呼ばれてい
ます。

同図 (c) はC接点で、力を加え（動作させ）たときオンとオフの接続関係が切り替
わる接点であり、切換え（Change）接点とも呼ばれている接点です。

C接点は切換え接点ですから、切り替え回路にはそのまま使用することができますが、
A接点として使用する場合はc端子とa端子とに配線を接続し、B接点として使用す
る場合はc端子とb端子とに配線して用います。

制御器具の電磁継電器（リレー）などは、電磁石で動作させる複数のC接点を備え
ていますが、これらを上で述べたように、それぞれをA接点、B接点、C接点として
使い分けることができます。

シーケンス制御システムは入力部、制御部、出力部、検出部から構成されています。

入力部には操作部と検出部があり、制御部にはリレーやタイマを組み合わせたロジッ
ク回路があります。出力部には、モータなどを駆動する駆動部と、運転状態を表示す
る表示部とさらに機械の動きを検出する検出部があります。

これらのシーケンス制御器具の内、最も代表的な器具として、操作器具である押し
ボタンスイッチ、検出器具であるマイクロスイッチ、および制御器具であるリレー（電
磁継電器）を取り上げて、その基本動作と信号との関係について説明しましょう。

● 押しボタンスイッチの動作と信号

　押しボタンスイッチは操作器具の一つで、図1.3 (a) に示すようにA接点とB接点を備え、人間が指で押したときに信号を発する構造のスイッチです。

　同図 (b) はボタンを指で押したときB接点がオフ (OFF) しA接点がオン (ON) した状態を示します。

　指を離すとスプリングの力で元の状態に戻ります。このことからこのタイプの押しボタンスイッチを自動復帰型押しボタンスイッチといいます。

　同図 (c) に押しボタンスイッチのシンボルを示します。

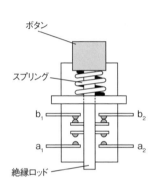

通常状態
端子a_1とa_2はつながっていない (OFF)
端子b_1とb_2はつながっている (ON)

(a) 押しボタンスイッチの構造

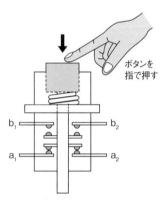

動作状態(指で押した状態)
端子a_1とa_2はつながっている (ON)
端子b_1とb_2はつながっていない (OFF)

(b) 押しボタンスイッチの接点の動き

規格	JIS C 0617	旧JIS C 0301
A接点		
B接点		

(c) 押しボタンスイッチのシンボル

▲図1.3　押しボタンスイッチの接点の働き

第1章 自動化・省力化は、まずシーケンス制御から

● リミットスイッチの動作と信号

リミットスイッチは、図1.4 (a) に示すように移動体に取り付けられたカムやドッグによって機械的な力で接点を動作させるスイッチで、機械的位置の検出器として用いられる検出器具です。

同図 (b) は動作した状態を示します。

同図 (c) はリミットスイッチのシンボルです。

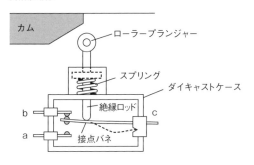

▲図1.4　リミットスイッチの構造と働き

● リレーの動作と信号

　リレーとは電磁継電器のことで、その名のとおり電磁石の力によって接点を働かせる制御器具です。

　図1.5（a）はリレーの原理図です。

　図1.5（b）のようにスイッチを閉じてコイルに電流を流すと、スプリングの力に打ち勝って可動鉄片を吸引します。可動鉄片は絶縁材料でできているロッドを介して接点を動作させます。図1.5（c）は電磁リレーのシンボルです。

　コイルに電流を流したときにONするA接点と、OFFするB接点を備えていることは他の制御器具と同様です。

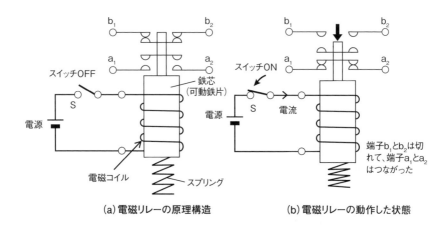

▲図1.5　電磁リレーの構造と働き

　以上の三つの制御器具は、それぞれ外部から与える力の発生源は異なりますが、いずれもその外力が与えられたとき接点が働き、外力が除かれたとき元の状態に復帰します。

第**1**章　自動化・省力化は、まずシーケンス制御から

　そしてこの接点信号は、外力が加わるか除かれるかによって、ONかOFFかのどちらかの状態をとり、中間の状態というのはあり得ません。このような性質の信号を**ON−OFF信号**、**二値信号**、**バイナリー信号**などといいます。

　代表的シーケンス制御器具の基本動作と信号について整理すると、表1.1のようになります。

品　名　＼　説　明	動　作 人力・機械力・電磁力により		備　考
	閉じる（ON・オン）	開く（OFF・オフ）	
押しボタンスイッチ	PB　A接点	PB　B接点	矢印方向の力は人力により行われる
リミットスイッチ	LS　A接点	LS　B接点	矢印方向の力は機械力による
電磁リレー	E　S　開 コイル ／ E　S　閉 コイル	E　S　開 コイル ／ E　S　閉 コイル	矢印方向の力はコイルの電磁力による A接点　　B接点
備　考	A接点 メーク接点	B接点 ブレーク接点	

▲表1.1　シーケンス制御道具の基本動作

15

2.3 接点信号の伝わり方

シーケンス制御で使われる信号は、電気接点の開閉によるON－OFF信号であり、そしてそのON－OFF信号が、機械や装置の中を流れて制御が進みます。

ここでは、ON－OFF信号がどのように伝わるかを見ていきます。

図1.6を見てください。

Aの位置にはa装置があり、押しボタンスイッチBSが設置されています。Bの位置にはb装置があり、ランプLと電源E（バッテリ）が設置されています。そして、二つの装置は、図1.6(a)のように配線されています。

ここで押しボタンスイッチBSを押すと、同図(b)のように電流が流れてランプLが点灯します。

ランプの点灯によって、Bの位置にいる人は、離れたところにあるa装置の押しボタンスイッチが押されたことを知ることができます。

逆の立場で考えると、Aの位置にいる人は、離れたところにあるb装置のランプの点滅を操作（または制御）できたわけです。

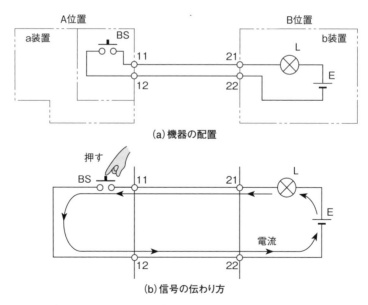

▲図1.6 接点信号の伝わり方（1）

次に図1.7を見てください。

A装置にはリミットスイッチLSがあり、B装置にはリレーRとランプLと電源Ebがあります。そしてC装置には電磁弁（ソレノイドバルブ）SVと電源Ecがあり、それぞれ図のように接続されています。

今、A装置が働いてLSが押されると、B装置のリレーRのコイルに電流が流れ、リレーの二つの接点（ともにA接点）が閉じます（ON状態）。そして二つの接点の内、一つの接点によってランプLが点灯します。

もう一つの接点は、C装置のSVに電流を流し（励磁し）、エアシリンダを動作（左行）させます。

次に、A装置のLSがOFFになると、B装置のRがOFFになり、Lが消えます。

さらに、C装置のSVも励磁を解かれてエアの流れが切り替わって、エアシリンダは右行して元の位置に戻ります。

このようにして、ON－OFF信号、つまり接点信号は、他の制御装置や電気機器に伝わっていくのです。

この信号の伝わり方は、信号のやりとりを行う各装置間や各機器間が、どのような位置関係にあっても同じことです。

例えば、制御盤の中には、たくさんのリレーやタイマなどの制御器具が取り付けられ配線されていますが、これらの制御器具どうしが、互いにON－OFF信号をやりとりしながら制御を進めていきます。

そして、この制御盤がシーケンス制御装置です。

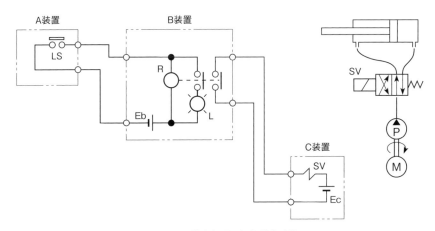

▲図1.7　接点信号の伝わり方（2）

17

2

シーケンス制御入門のための電気の基礎知識

2

0 最小限の電気の基礎

　シーケンス制御システムの設計の主要な作業は、制御機能の設計になります。

　どのように操作するか、装置の各部をどのように制御するか、そして安全や省エネをどのようにして達成するか、などについてあらゆる角度から検討をして設計を進める必要があります。この制御機能設計は、その装置の良否を直接左右しますから重要な作業です。

　しかしながら、制御機能が複雑になればなるほど、機械や装置の設計者から、制御設計者への正確な伝達は難しくなります。お互いのやりとりがうまくなされないと、思い違いや錯覚などによりミスを発生しやすく、大きな時間的ロスを発生させます。このようなミスやロスを防ぐにはどうしたらいいでしょう。

　機械や装置の設計者や立案者は、当然、必要とされる制御機能を熟知しているはずです。もしも自分で制御設計もできるようになれば、ほかの人に伝達する手間は省けますし、**機械的要素と電気制御的要素との双方のマッチングを図った最適設計**ができ理想的です。

　この理想を達成することが本書の目的なのです。

　そのために本書は、電気の専門知識がない人にも理解できるように、できる限りやさしく説明しています。

　といいましても、制御装置はやはり電気装置です。電気的原理や仕組みの理解なしでは、納得のいく理解は得られません。

　そこで本章では、「シーケンス制御の基礎」を理解するのに必要な、最小限度の「電気の知識」を解説していきます。

1 制御用電気回路

1.1 制御器具の接続

シーケンス制御回路は、いろいろな種類の機器や器具によって構成されています。図2.1に、電気回路において、複数の器具や素子を使用する場合の接続法を示します。

電気回路の接続には、**直列接続**と**並列接続**とがあります。そしてシーケンス制御回路における制御器具は、特別な場合を除いて並列に接続されています。

(a) 直列接続

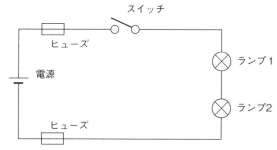

ランプ1とランプ2が直列に接続されている

(b) 並列接続

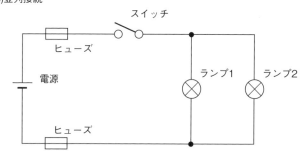

ランプ1とランプ2が並列に接続されている

▲図2.1　電気回路の接続法

21

シーケンス制御回路といっても電気回路ですから、電気回路的に見ても矛盾のない回路でなければなりません。

例えば、リレーやマグネットスイッチは、一定の電圧（定格電圧）の下で所定の機能を発揮するように作られているので、これを直列に接続して使用するということはできません。

1.2 接点の接続

スイッチやリレーの接点（開閉素子）は、電気信号（電流の流れ）を流したり止めたりするだけです。それ自体で電力を消費したり、電圧降下を発生させたりはしません。

したがって、原理的には、何個接続（直列）しても問題はありません。ただし、接点もわずかながら**接触抵抗**を持っていますので、実際には、直列に接続できる数に制限があります。

一般的には一個のリレーの制御のために、直列に接続する接点の数は、10個以下に抑えるのがよいと考えられています。

図2.2に接点だけの回路を示しましたが、**このような回路は成立しません**。何の働きもしないで、短絡事故を起こすだけですので、ご法度です。

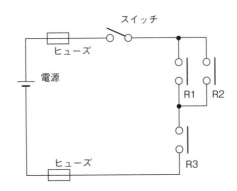

R1、R2、R3はそれぞれリレーの接点

▲図2.2　成立しない回路。危険というより、あり得ない回路

1.3 母線と共通線

電源からの2本の線を「母線」として、図2.3のように各器具を接続（並列）します。電圧や容量が異なる場合には、それぞれ母線を設けます。

また、機能別に、例えば入力回路用、制御回路用、出力回路用というように、専用の電源を備えて、それぞれの回路ごとに母線を設ける場合もあります。

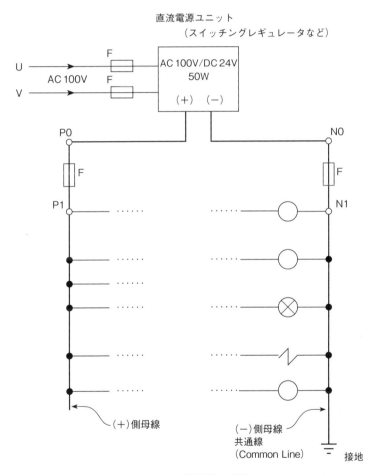

▲図2.3　制御回路の母線

小規模の装置では、ソレノイドバルブや電磁クラッチのような負荷であっても、電流容量が小さく、そして定格電圧が同一の場合には、制御器具と同一の母線に接続して使用することもあります。

　微弱な信号を扱う電子装置との信号の授受を行う場合には、独立した専用の電源母線を設ける必要があります。

　図2.3から分かるように、母線の内の右側の1本を「共通線（Common Line）」として、各器具の端子の一方を直接接続します。

　制御電源が直流の場合は、それぞれの器具の極性を合わせることが必要になります。

　そして、この共通線は、以下に示す目的で、接地（アース）するのが普通です。

（1）人体の安全
（2）断線時などの制御機能の安全
（3）ノイズによる誤作動防止

1.4　制御回路電圧

　制御回路電圧は、人体への安全を考慮して、できるだけ低い電圧が望ましく表2.1に示す電圧が用いられています。

電源種別	電圧
AC	100 [V]
DC	24 [V]

▲表2.1　制御回路電圧

第2章 シーケンス制御入門のための電気の基礎知識

2 電気機器の容量計算

電気には、直流(DC)と交流(AC)があります。

電力会社から供給される電気(電力)は、交流(AC)です。一般家庭用としては単相100V・50／60Hz、工場などの動力用としては三相200V・50／60Hzが利用されています。

照明器具(ランプなど)や電動機などの機器には、配電線を通して、それぞれの容量の大きさに応じた電流が流れます。

そのため配電線の太さは、その電流値に応じて選定する必要があります。また、入り切りするスイッチ、例えば、電磁開閉器の大きさも適切に選定しなければなりません。

電源から負荷までの距離が長い場合には、配電線の抵抗によって電圧降下が発生し、思わぬ障害を発生する場合があります。

それでは次に、いくつかのパターンについて説明しましょう。

2.1 直流回路の消費電力

図2.4は直流回路です。

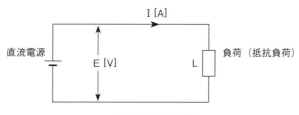

▲図2.4 直流回路

制御装置用の直流電源として、最近はスイッチングレギュレータが多く用いられるようになりました。負荷としては、電磁クラッチやソレノイドバルブ、あるいはランプやセンサなどを頭に浮かべてください。

それらの負荷には、必ず定格の電圧[V]、電流[A]が書かれています。

25

では、電力 [W] を求めてみましょう。

電圧 E [V]、電流 I [A] とすると、電力 P [W] は、次の式で求められます。

$$P = E \cdot I \, [\text{W}] \quad \cdots\cdots\cdots\cdots\cdots\cdots\cdots\cdots\cdots\cdots\cdots\cdots\cdots\cdots\cdots\cdots\cdots \quad (1)$$

(1) 式より、電流 I を求めると、

$$I = \frac{P}{E} \, [\text{A}] \quad \cdots\cdots\cdots\cdots\cdots\cdots\cdots\cdots\cdots\cdots\cdots\cdots\cdots\cdots\cdots\cdots \quad (2)$$

例えば、電圧 DC 24 [V]、電力 4.8 [W] の電球に流れる電流 I [A] は、(2) 式より、

$$I = 0.2 \, [\text{A}]$$

として求められます。

抵抗 R [Ω] は、オームの法則より、

$$R = \frac{E}{I} \, [\Omega] \quad \cdots\cdots\cdots\cdots\cdots\cdots\cdots\cdots\cdots\cdots\cdots\cdots\cdots\cdots\cdots\cdots \quad (3)$$

となります。

さて、これから重要な公式を導きます。

(3) 式より、

$$E = I \cdot R \quad \cdots\cdots\cdots\cdots\cdots\cdots\cdots\cdots\cdots\cdots\cdots\cdots\cdots\cdots\cdots\cdots\cdots \quad (4)$$

となります。ここで、(1) 式の P = E・I に、(4) 式を代入すると、

$$P = I^2 \cdot R \quad \cdots\cdots\cdots\cdots\cdots\cdots\cdots\cdots\cdots\cdots\cdots\cdots\cdots\cdots\cdots\cdots\cdots \quad (5)$$

となります。

前述の電球を例にして、実際に計算をして確認してください。

この (5) 式から、**回路の消費電力は、電流の二乗と抵抗との積に比例し、電圧には無関係**の形となっていることが分かります。

この考え方は、電線の選定や機器の発熱の検討をするときなど、いろいろなところで応用されますので、よく理解して覚えておきましょう。

2.2 単相交流回路の消費電力

図2.5は交流回路です。

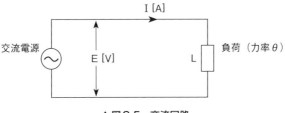

▲図2.5 交流回路

制御装置における電源として、トランス（変圧器）が多く用いられます。負荷としては、照明器具や電熱器、小形単相電動機などを想像してください。

白熱電球や電熱器のような抵抗負荷の場合の計算は、直流回路の場合と変わりません。

しかし、負荷がソレノイドやトランス、あるいは電動機のような、いわゆる誘導負荷の場合は、計算に「力率（$\cos \theta$）」という要素が加わります。力率の値は、各負荷が固有の値を持っています。そしてこの値は表示されていない方が普通です。

単相交流電力P_o［W］は、次式により算出します。

$$P_o = E \cdot I \cdot \cos \theta \ [\text{W}] \quad \cdots\cdots\cdots\cdots\cdots\cdots\cdots\cdots (6)$$

P_o［W］は、負荷により、実際に消費される電力であり、「有効電力」と呼ばれています。

これに対して、単純にEとIの積は、いわば見かけ上の入力電力であり、これを「皮相電力」（P_{in}）と呼び、区別しています。単位は「ボルトアンペア」で、略して「VA」（ブイエーと読む）を使います。

$$P_{in} = E \cdot I \ [\text{VA}]$$

そして、このP_oとP_{in}との間に、次式の関係があります。

$$\cos \theta = \frac{P_o}{P_{in}} \quad \cdots\cdots\cdots\cdots\cdots\cdots\cdots\cdots\cdots\cdots\cdots (7)$$

電球のような抵抗負荷の場合は、$P_{in} = P_o$、つまり力率（$\cos\theta$）は「1」となり、直流回路と同じ考え方で計算できます。

力率に関する説明は、やや専門的になりますのでここでは省略します。

2.3 三相交流回路の消費電力

皆さんが一番よく知っている三相交流回路は、三相誘導電動機の駆動制御回路です。FAの現場で、単に「モータ」といえば、三相誘導電動機を意味するほど、たいへん多く利用されています。

このほかに、大容量の温度制御に用いられる三相の電熱器（ヒータ）の制御回路などもあります。

図2.6は、負荷として、三相誘導電動機が接続された三相交流回路です。電源は、一般的に各工場に設置されている動力用三相変圧器（トランス）です。

三相交流電力は、配電盤（箱）を通して制御盤に送られており、制御盤内の電磁開閉器などによって、三相誘導電動機が駆動制御されています。

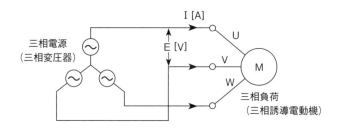

▲図2.6 交流回路

さて、三相交流電力は、次式によって求められます。

$$P = \sqrt{3}\, E \cdot I \cdot \cos\theta \ [W] \quad \cdots\cdots (8)$$

式(8)で、Eは線間電圧、Iは線電流です。力率$\cos\theta$については、単相交流の場合と変わりません。電熱器の場合は抵抗負荷ですから、もちろん$\cos\theta$は「1」です。

第**2**章 シーケンス制御入門のための電気の基礎知識

2.4 三相交流電動機回路の計算の実際

三相誘導電動機に関する計算は、シーケンス制御の現場では日常的に発生する重要な作業です。十分な検討をしておかないと、取り返しのつかない重大な事故を起こす可能性があるところです。

さて、ここで三相200 [V]、11 [kW] のモータを例にして、配電線を流れる電流、つまり電動機電流を計算してみましょう。

図2.6において、電圧（線間電圧）をE [V]、電流（線電流）をI [A] とすると、電動機への入力電力P_{in} [W] は、(8) 式より、次のようになります。

$$P_{in} = \sqrt{3}\ E \cdot I \cdot \cos\theta\ [W] \cdots\cdots\cdots\cdots\cdots\cdots\cdots\cdots\cdots (9)$$

一方、11 [kW] は、電動機の機械的出力です。

いうまでもなく、電動機は、電気的エネルギーを機械的エネルギーへ変える一種の変換器で、当然のことながらエネルギー損失を伴います。

この機械的出力をP_o [W] とすると、P_{in} [W] との間に (10) 式の関係があります。η は効率です。

$$P_o = P_{in} \cdot \eta\ \cdots\cdots\cdots\cdots\cdots\cdots\cdots\cdots\cdots\cdots\cdots (10)$$

(9) 式と (10) 式より、電流Iを求めると、次式のようになります。

$$I = \frac{P_o}{\sqrt{3}\ E \cdot \cos\theta \cdot \eta}\ \cdots\cdots\cdots\cdots\cdots\cdots\cdots\cdots\cdots (11)$$

ここで、三相誘導電動機の損失を約10 (%) とすると、効率η は約90 (%) となります。また、三相誘導電動機の力率は約80%ですから、$\cos\theta$ は0.8です。P_o [W] は11 [kW] ですが、単位を [W] にするため1000倍します。$\sqrt{3}$ は1.732です。これらの各数値を (11) 式に代入します。

$$I = \frac{11 \times 1000}{1.732 \times 200 \times 0.8 \times 0.9} = 44.1\ [A]$$

この44.1 [A] が、負荷としての11 [kW] 電動機回路に流れる負荷電流です。

29

2.3 電磁石について

磁石には、**永久磁石**と**電磁石**とあります。皆さんがよく知っている磁石は永久磁石で、普通、単に「磁石」といえば、この永久磁石を意味しています。

永久磁石は、加熱したり、機械的衝撃を加えたり、何か特別なことをしない限り磁力は消えません。

これに対して電磁石は、その磁力を制御することができます。

この磁力を容易に制御できることと、さらに構造が簡単で、堅牢、対環境性も強いという優れた特性を持つことから、シーケンス制御の現場では、数多く使われています。

電磁石の最も代表的で、重要な応用製品としては、リレー（電磁継電器）やマグネットスイッチ（電磁開閉器）、電磁クラッチや電磁弁（ソレノイドバルブ）などがあります。

図2.7は、電磁石の原理を示す説明図です。

図のように、鉄芯（磁性材料）に絶縁電線を巻き付けた形のものが電磁石です。

絶縁電線をぐるぐる巻いたものを**コイル**といいます。このコイルに電流を流すと、磁気を発生し、鉄芯を磁化します。磁化された鉄芯は、磁力を発生してほかの鉄片（磁性材料）との間に吸引力を発生します。

電流を切ると、この吸引力は消滅します。電流の大きさを加減することによって、吸引力も加減できます。

電磁石は用途に応じてさまざまな形のものが製作され、使われています。

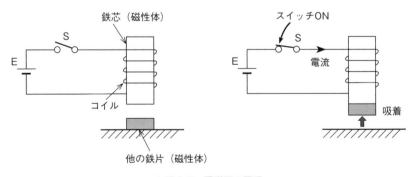

▲図2.7　電磁石の原理

第**2**章　シーケンス制御入門のための電気の基礎知識

4　オンオフ信号の伝達を妨げる現象

　シーケンス制御では、リレーやリミットスイッチなどの電気接点を開閉する信号、つまりオンオフ信号を使います。

　そしてその負荷は制御器具であるリレーや電磁開閉器、あるいは電磁クラッチなどの電磁石などの応用製品です。

　これらの電磁石の応用製品は、図2.8に示すように電気回路的には誘導負荷であり、誘導負荷をオンオフするときに発生する注意しなければならない現象には次の二つのタイプがあります。

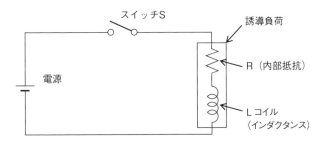

▲図2.8　誘導性負荷の回路

　その第一はオンしたときに、負荷に流れる電流の流れ始めに図2.9に示すような遅れが発生し、この遅れによって、制御器具の制御動作に異常が発生することもあり、また電磁クラッチなどでは動作遅れが発生したりします。

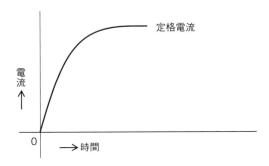

▲図2.9　スイッチオンしてからの電流の流れ始め

31

この動作遅れの大きさは、おおよそ5～25（m/s）程です。
　電動機などとその負荷である**回転体の遅れの主たる要因は、電動機自身とその負荷である回転体としての慣性モーメント（フライホイール効果）によるもの**で、その扱いは本書で扱う範囲を超えた別なものであり、ここでは割愛いたします。
　第二は、オフするときに、その負荷の端子間に図2.10に示すような異常高電圧が発生し、この電圧による放電によって接点の両端に火花が発生し、接点の消耗や接触不良を発生させたり、その器具を損傷させたりします。

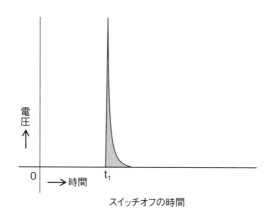

▲図2.10　t=t₁においてスイッチオフしたときの電圧

**　この放電による火花は、接点間の微小な隙間に瞬間的に発生するいわば小さな雷であり、その電圧の大きさは理論的には∞です。**
　この二つの現象について適切な対策が必要であることはいうまでもなく、その対策については本書の後段で解説していますので、参考にしてください。

2-5 無接点出力回路

前章で、シーケンス制御がONとOFFとの二つの信号を使って制御が進められることを学び、シーケンス制御におけるONとOFFの信号、つまり接点信号の伝わり方を学びました。

A装置からB装置へ、リレーを使って接点信号が伝わる様子をもう一度示しますと、図2.11のようになります。

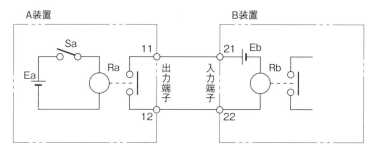

▲図2.11　有接点出力回路

図において、A装置のスイッチSaを投入すると、リレーRaが働いて、Raの接点がONし、B装置のリレーRbに電流が流れ、Rbが動作してB装置に信号が伝わります。

このA装置の出力は接点信号であり、この回路を「**有接点出力回路**」といいます。

これに対して、A装置のリレーRaをトランジスタTr（スイッチングトランジスタ）に置き換えると、図2.12のようになります。

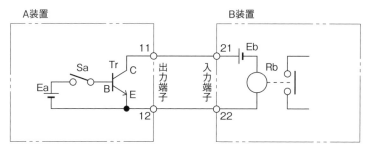

▲図2.12　無接点出力回路

33

図の状態では、トランジスタのコレクタ（C）とエミッタ（E）間は高抵抗の状態であり、電流はほとんど流れません。したがってB装置のリレーRbは動作しません。

　スイッチSaを投入して、トランジスタのベース（B）に電流（微弱な信号電流）を流すと、C－E間の抵抗が非常に小さくなっていわゆる導通状態となって、リレーRbに電流が流れ、Rbを動作させることができます。

　この回路では、ON－OFF信号をトランジスタによって無接点で出力することができたわけです。このような回路を**「無接点出力回路」**といいます。

　トランジスタなどによる無接点出力回路は**「オープンコレクタ」**ともいい、小スペースで高信頼性、そして長寿命ということから、電子回路応用装置の信号の授受に多く使われています。

Column　私のライフワーク（制御）

　戦後、進駐軍（米軍）令により禁止されていた工作機械を始め各種産業機械の製造が許され、復興を目指して生産が開始して間もない昭和30年（1955年）、東京晴海埠頭で国際見本市が開催されました。

　大学最終学年の年に、この見本市を見学し、その中で池貝鉄工が開発し、実演展示していた自動倣い旋盤の威力に目を見張りました。

　このとき初めて「油圧サーボ」と、「リレー制御による自動運転制御」を知り、そしてこれが私の「制御」との出会いだったのです。

　翌年、3月、我が山梨大学に池貝鉄工から求人の知らせが入り、即座に応募して入社試験を受け、幸運にも1/20という難関を突破して見事合格し採用されました。

　電気工学科の学生でしたから機械技術に関しては見るもの聞くものすべてが初めてのことばかりでしたが、いろいろなことにぶつかりながら電気工学と機械工学とを組み合わせた形の「制御」なるものが徐々に分かり始め、以降60年、いつしかこれが私のライフワークとなっていました。

第**2**章　シーケンス制御入門のための電気の基礎知識

2 6 電気接続図

　シーケンス制御装置では、必要な機能・性能・能力を得ることを目的として、非常に多くの電気機器や電気回路素子を使用しています。

　これらの電気機器や素子の接続関係を表したものが、電気接続図です。

　シーケンス制御装置の場合、単に「回路図」あるいは「接続図」といえば、この電気接続図を指すものと考えてよいでしょう。さらに略して、単に「シーケンス」という場合もあります。

　電気接続図は、一般の構造図面と異なり、大きさとか形は表さず、電気的な接続関係を単純化されたシンボル（図記号や文字記号）とそれらを結ぶ線とで表現しています。

　この電気接続図は、装置の製作者や作図者のためだけでなく、利用者のためにも必要な図面ですから、分かりやすいことが大切です。

　そのためには、正しいシンボルを用い、ルールに従って書く必要があります。

6.1 接続図の規格

電気接続図の適用すべき規格として、次の三つの規格があります。

　(1) JIS C 0617「電気用図記号」

　(2) JIS C 1082「電気技術文書」

　(3) JIS B 6015「工作機械 – 電気装置通則」

　JIS C 0617は旧JIS C 0301を、JIS C 1082は旧JIS C 0401を、いずれもIEC規格との整合性を図る目的で改定する形で制定された規格です。

　JIS B 6015は旧JIS B 6015（1966）を上の二つの規格に準ずる形で改定した工作機械用の規格です。

　表1.1のところで説明した最も基本的かつ代表的制御器具のシンボルを、上記三つの規格に従って整理すると表2.2のようになります。

　数多いシンボルの中でもとりわけ接点のシンボルはシーケンス回路図の中で非常にたくさん使われます。

35

旧規格のシンボルは簡単で書きやすいという特長があり、また長年慣れ親しんできたということなどもあって、なかなか切り替えることができず、いまだに使用されているケースがあるようですが、できるだけ早く新規格に移行されることが望まれます。

本書では、新旧の規格のシンボルを適宜併用しながら解説を進めていきます。

説明／品名		図記号 （シンボル）						備考
		JIS C 0617		旧JIS C 0301		JIS B 6015		
		A接点	B接点	A接点	B接点	A接点	B接点	
押しボタンスイッチ	横書き							本シンボルは自動復帰接点 このほかに保持型接点と残留接点がある
	縦書き	E-|	E-|			E-|	E-|	
リミットスイッチ	横書き							マイクロスイッチも同じシンボル マイクロスイッチをリミットスイッチとして使用することが多い
	縦書き							
リレー（電磁継電器）	横書き							シーケンサ（PC）のソフト作成画面ではこのシンボルが使われている
	縦書き							A接点　B接点
	電磁コイル	横書き	縦書き	横書き	縦書き	横書き	縦書き	電磁コイル

▲表2.2　三つの規格によるシンボル

6.2　縦書きと横書き

電気接続図、つまりシーケンス回路図の書き方には、縦書きと横書きとがあります。

図2.13（a）のように、2本の母線を横に書いて、その間にシンボルを縦に書いていく方式が縦書きです。

図2.13（b）のように、2本の母線を縦に書いて、その間にシンボルを横に書いていく方式が横書きです。

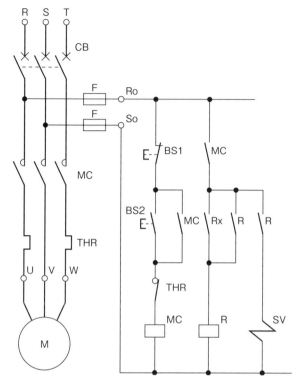

▲図2.13 (a)　JIS C 0617シンボルによる縦書き

　縦書きと横書きの違いはそれだけです。電気的接続線は実線で書くこと、機械的つながりを特に表現するときは破線で表したり、コメントを記載して読みやすくすることなどについては、まったく変わりはありません。

　2本の線（導体）の交わりについての表し方も、図2.13 (c) に示すように、一般の電気回路図と変わりはありません。

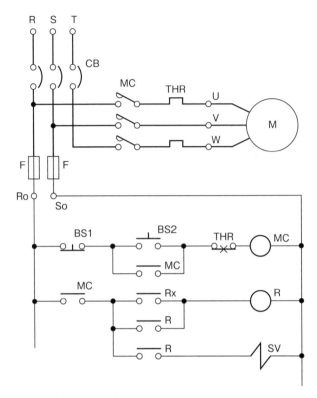

▲図2.13（b）　旧JIS C 0301シンボルによる横書き

▲図2.13（c）　端子、導線および導線の接続

3

シーケンス制御入門の入門

3-1 自己保持回路

シーケンス制御回路の基本中の基本は、リレーの自己保持回路です。

図3.1を見てください。これが自己保持回路です。

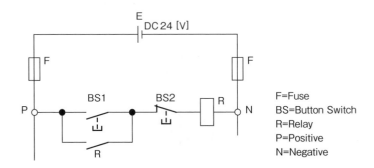

▲図3.1 自己保持回路（JIS C 0617シンボルによる回路図）

同図は、JIS C 0617のシンボルによって書かれた回路図です。

シンボルを使って書いてありますが、実際は絶縁電線を使用して、図3.2のように配線されているのです。

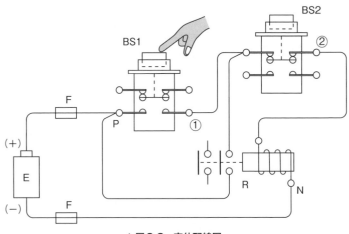

▲図3.2 実体配線図

まず押しボタンスイッチですが、これは人が指で押している間だけ働いて、A接点をON（同時にB接点をOFF）させます。そして指を離すと元の状態に戻ります。

リレーRは電磁石の力で接点が働くようにできていますので、電磁コイルに電流が流れると、A接点がON（同時にB接点がOFF）になります。そして電流が切れると元に戻ります。

このことを頭において、もう一度図3.1を見てください。

回路図の左右の縦の線が「母線」で、電源が供給される線です。この図では、直流電源として24V（ボルト）のバッテリが使われ、ヒューズ（F）を通ってDC24Vが供給されています。したがって、リレーには、24Vで動作するリレーが使われています。

シーケンス機能や、ロジックについてのみ重点的に表示する場合は、この電源回路は省略され、単に図3.3のように表されることが多いのです。

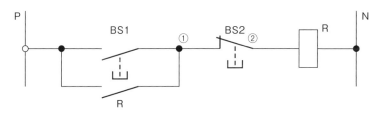

▲図3.3　自己保持回路（省略形）

> ## Column　自己保持回路は記憶回路
>
> 　自己保持回路はシーケンス制御回路の原理ともいえる重要な回路であり、S(set)ボタンを押すとオンしてその状態を保持し、次にR(reset)ボタンを押すとオフし、その状態を保持します。この働きを言い換えると最初に与えられた信号（または命令）を次の信号が与えられるまで記憶する働きであるといえます。
> 　このことから、自己保持回路を記憶回路（正しくは一時記憶回路）といいます。
> 　シーケンス制御では、現段階の制御動作を実行中に、次の信号が与えられるとその信号と現状とを比較して、その結果に応じて次の動作を開始するという働きをするよう構成されています。
> 　自己保持回路が記憶回路（SR記憶回路）と呼ばれる所以です。

図3.4 (a) において押しボタンスイッチBS1を押すと、点線のような経路を通って電流が流れ、リレーRが励磁されます。励磁されると、電磁石の力で接点RをONさせます。
　するとその瞬間から、同図 (b) のようにBS1の経路と、リレー接点Rの経路との二つの経路を通って電流が流れます。

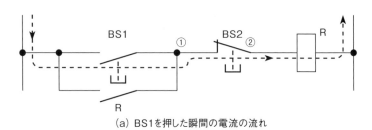
(a) BS1を押した瞬間の電流の流れ

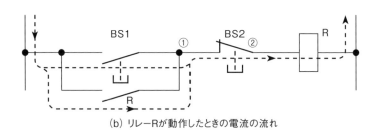
(b) リレーRが動作したときの電流の流れ

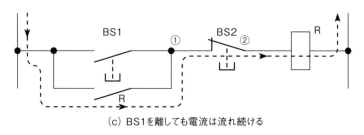
(c) BS1を離しても電流は流れ続ける

▲図3.4　自己保持動作の説明図

　この状態で、押しボタンスイッチBS1から指を離しBS1をOFFしても、図3.4 (c) に示すように、接点Rを通してRのコイルには電流が流れ続け、リレーRは動作したままの状態を保持し続けます。この状態を**「リレーが自己保持した」**といいます。

この状態で、BS1を何回押しても離しても、自己保持状態は変わりません。

次に押しボタンスイッチBS2を押すと、端子①と端子②との間が切れ（OFFし）ます。そして電流が切れて、リレーRは励磁を解かれます。つまり自己保持を解除されて元の状態に戻ります。この状態で、BS2を何回押してON−OFFを繰り返しても状態は変わりません。

以上の説明の内容をタイムチャート図で表しますと、図3.5のようになります。

BS1の最初のON信号で、Rは動作して自己保持します。そして同じ信号（BS1のON信号）が何回きても状態は変わりません。次に、BS2の最初の信号、つまりOFF信号がきて、初めて状態が変わり、Rは自己保持を解かれてOFFします。

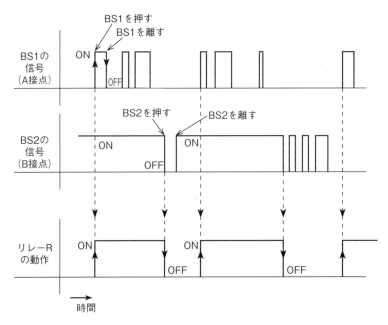

▲図3.5　リレーRの自己保持動作のタイムチャート

つまりリレー回路は、BS1信号がくると、BS1信号がきたことを記憶していることになります。次にBS2信号がくるとリレーがOFFして、今度はBS2信号がきたことを記憶したことになります。

この機能から、この自己保持回路のことを、**記憶回路**（正確には一時記憶回路）ともいいます。

3.2 実際のシーケンス制御回路の入門の入門

前節までで、シーケンス制御用電気器具の基本と、シーケンス制御回路の基本を学びました。この成果をベースにして、実際のシーケンス制御回路に挑戦してみましょう。

制御対象の具体例として、図3.6のようなエアシリンダを利用したワークの移載装置を取り上げました。

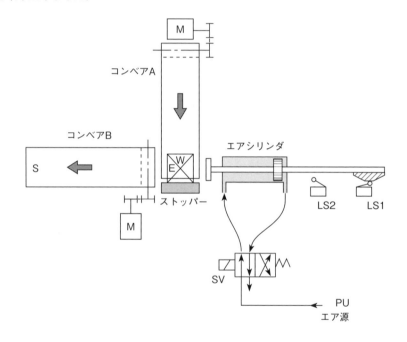

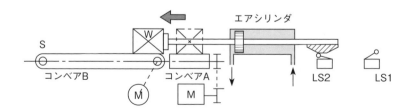

▲図3.6　エアシリンダを利用したワークの移載装置

第3章 シーケンス制御入門の入門

　図のように、この移載装置は、ワークWをコンベアAによって、E点まで搬送し、次にコンベアB上のS点に移載する装置であり、ここではコンベアAとコンベアBの制御については省略して、移載装置にのみ着目して制御動作を考えます。

　この移載装置には、エアシリンダを駆動するエア（空気圧）の方向を切り替えるためのソレノイドバルブとして、片ソレ（バルブスプールを一つのソレノイドで切り替える）のソレノイドバルブ（SV）が使われています。

　エアタンク（エア源）からの空気圧が、エア供給口PUからソレノイドバルブを通して、エアシリンダに供給されています。

　シリンダの動きを検出するため、エアシリンダの後部には、二つのリミットスイッチ、LS1とLS2とドッグが設置されています。リミットスイッチは、シリンダの動きを確認して信号を発します。

　LS1はA接点が使われていて、LS2はB接点が使われています。

　そしてこの装置の制御回路は図3.7のようになっています。

　この回路に、自己保持回路が使われていることはいうまでもありません。

　さて、これまでの状況を念頭において、この制御回路の機能を読んでいきます。

　今、ソレノイド（電磁コイル）には電流が流れていませんので、エアの流れは図3.6の上の図のようになっています。エアは、シリンダを後退端に押し付けています。

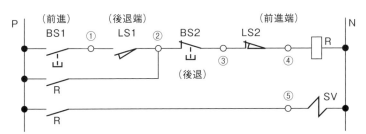

▲図3.7　移載装置の制御回路

　そしてシリンダ後部のドッグは、LS1を押していてその接点は閉じています。

　さて、いよいよ運転です。

図3.7の前進用押しボタンスイッチBS1を押してみましょう。

リミットスイッチLS1（A接点）は、シリンダ後部のドッグによって押されていてONの状態です。ここでBS1を押すと、端子Pと端子②が導通し、電流は次の停止用押しボタンスイッチBS2（B接点）とリミットスイッチLS2（B接点）を通り、リレーRに流れます。Rは励磁され、動作して自己保持します。

そして、Rのもう一つの接点（A接点）オンによって、ソレノイドバルブSVに電流が流れて、図3.6の下の図のようにシリンダに流入するエアの方向が切り替わります。

シリンダは、左の方向に移動（前進）を開始してワークを移載します。

シリンダが左行（前進）を完了し、ワークWが定位置まで移動して、移載を完了します。このときシリンダ後部に取り付けられているシリンダ位置検出用のドッグによって、リミットスイッチLS2（B接点）を押します。この結果、Rは自己保持を解かれてOFFします。

接点Rが開きましたので、端子Pと端子⑤の間が切れて、SVへの電流も遮断され、エアシリンダへのエアの流入の方向が切り替わり、シリンダは後退を始めます。そして、右行（後退）を完了してシリンダエンドで停止し、最初の状態に戻ります。

このことは、**始動ボタンを押してスタートさせてから、元の位置に戻るまでの「移載」という作業1工程を、自動運転によって終了した**ことになります。この自動工程のことを**「自動サイクル運転」**あるいは略して「自動サイクル」などと呼んでいます。

見て分かるとおり、極めて簡単な回路であり、また簡単な装置ですが、とにかく**「自動運転」**ができたわけです。これが「自己保持回路」の効果なのです。

第3章 シーケンス制御入門の入門

3 シーケンス制御回路の優れた特色

　前節で、自己保持回路の応用例として、最も簡単な自動運転制御回路について学びました。そして、自己保持回路によって自動運転が可能になるというシーケンス制御による自動化の第一歩を学びました。

　簡単な制御回路で、しかも部品点数の少ない回路でしたが、単にシリンダの前進と後退とをリレーによって制御して、ワークの移載を自動化しただけではありません。次のような安全上の意味も含めて、制御操作上のいろいろな意味を持っています。

(1) シリンダが、後退位置になければ前進のスタートができない
(2) シリンダ前進中に、いつでも後退させることができる
　　　前進指令より、後退指令が「優先」している。
(3) 事故などが発生して停電したとき、自動的に後退する
　　　運転する、しないに係わらず、エアが供給されれば後退する。

　さらに、図3.8に示すようにちょっとした工夫（部品の追加や回路の変更）によって、ほかのたくさんの意味や機能を持たせることができます。

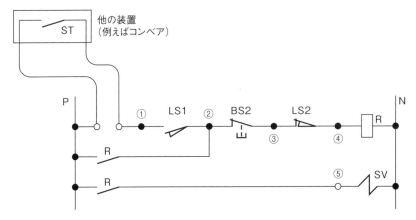

▲図3.8　他装置から指令を受けてスタートする制御回路

47

図3.8のように、図3.7の始動用押しボタンスイッチ（BS1）を変更して、ほかの装置からSTという接点信号（A接点）を受けるようにすると、ほかの装置の回路の働きによってこの装置の始動が制御されることになり、**ほかの装置との「連動運転」**が可能となります。

　このように、シーケンス制御回路で扱う制御器具や制御素子の機能は、ONとOFFのたった二つの機能ですが、これらを組み合わせることによっていくらでも複雑で、高度な制御システムを構築することができるのです。

　さて、もう一度図3.7を見てください。

　こんなに少ない部品点数の、こんなに簡単な回路の中に、これだけの機能とその機能を取り巻くたくさんの意味が含まれているのです。

　これが、シーケンス制御回路の凄いところです。

　回路こそ簡単ですが、これだけの内容をとことんまで考えて完璧な設計をすることは、実は簡単ではないのです。

Column　なぜシーケンス制御が難しいと感じるか

　シーケンス制御を学び始めた人は、誰しも難しいと感じるようです。

　でもこれは、多くの人が陥る勘違いに過ぎないことなのです。

　一番の原因は、回路図などを傍らからちょっと見ただけで簡単なことだと勝手に思い込んで、さて自分でやってみようとして、そこで初めて「簡単でない」ことに気がつくのです。

　すでに学んだように、シーケンス制御回路には、制御対象である機械の構造や安全、そして制御器具や機械の運転条件などに関する知識が必要であり、これらが分かっていないと読めないのです。

　つまり、一見して簡単な回路と馬鹿にしていたのに思いのほか奥行きがあることに気がつきそのギャップに驚いて「難しい」と思い込んでしまっていただけなのです。

　手順を尽くして準備すれば、実は簡単かつ容易なのです。

4

シーケンス制御に使われる電気器具

基本的なシーケンス制御用器具

　シーケンス制御用として使用される電気機器や器具には、たいへん多くの種類のものがあります。

　近年におけるマイクロエレクトロニクス技術や、デジタル技術の進歩普及に伴い、これらの応用製品として小形で高性能のものが続々と開発されてきています。

　中には単なる機器や器具のレベルを超えて、独立した立派な装置ではないかと思われるようなものも出現しています。

　本書では、シーケンス制御入門という趣旨に沿って、基本的で代表的なものにしぼって説明します。

　まず、シーケンス制御用機器を主要な機能によって分類すると、次のようになります。

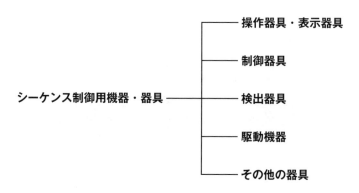

　以下順を追って説明しましょう。

第4章 シーケンス制御に使われる電気器具

1 操作器具・表示器具

　機械や装置を運転するためには、オペレータは表示ランプやメータを見てその状況を知り、押しボタンスイッチや切換スイッチを操作することによって、始動や停止、あるいは各種のセッティングや調整を行います。

　この各種スイッチ類、表示ランプ類をそれぞれ操作器具、表示器具といい、いわばオペレータが運転のために機械や装置と会話するための器具ともいうべきものです。

　そして、複雑でデリケートな機能をたくさん持っている機械や装置では、多くのこうした器具が使われることになります。これらは、操作盤にまとめて配置され、一番運転しやすいところ、一番監視しやすいところに設置されます。

　操作盤の形態およびその種類は、操作対象である機械の大きさや制御方式、作業位置への接近性などを考慮して設計製作されます。

　図4.1に操作盤の種類を示します。

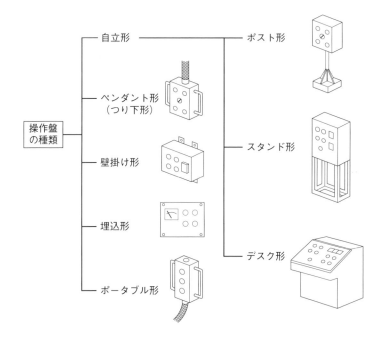

▲図4.1　操作盤の種類

51

写真4.1は壁掛け形操作盤の例です。

▲写真4.1　壁掛け操作盤の例

操作器具は、押しボタンやハンドルあるいはペダルのような機構部と、その機構部により電気回路を開閉させる接点部とで構成されています。

近年における操作器具は、この機構部にいろいろな新しい工夫が加えられております。そして、機能的にも構造的にも、またデザイン的にも、非常に優れた多くのものがバラエティー豊かに開発されています。

機械や装置の自動化を目的として使用される操作器具を、主要な三つの機能によって分類整理すると、表4.1のようになります。

No	操作器具の種類	図記号 JIS C 0617 A接点	図記号 JIS C 0617 B接点	図記号 旧JIS C 0301 A接点	図記号 旧JIS C 0301 B接点	動作の説明	代表的な操作器具
1	自動復帰接点					押しボタンを押している間だけ接点が開（閉）し、手を離すと元の状態に戻る	基本的な押しボタンスイッチ
2	保持形接点					操作後、手を離しても操作部分（つまみなど）も接点もそのままの状態を保持する	切換スイッチやトグルスイッチ
3	残留接点					操作後、手を離すと操作部分（押しボタンなど）は元の状態に戻るが、接点はその状態を保持する	オルタネイト形押しボタンスイッチ

▲表4.1　主な操作器具の種類

第4章　シーケンス制御に使われる電気器具

　自動復帰接点形操作器具は、人間が手などで操作を加えている間だけ、接点が働き（A接点はONし、B接点はOFFする）、手を離すと元の状態に戻る操作器具です。最も数多く使用されているポピュラーなものは、押しボタンスイッチです。

　保持接点形操作器具は、ハンドルを手でひねったり、あるいはボタンを押し込んだりした後、手を離してもその状態を保持する操作器具です。次に反対の操作を加えるまで、ハンドルも接点も、同じ状態を保ちます。セレクタスイッチ（切換スイッチ）やトグルスイッチは、保持接点形操作器具の代表的なものです。

　残留接点形操作器具は、一度操作を加えると、接点が働き（A接点はONし、B接点はOFFする）、手を離すとボタンやハンドルなどの操作機構部は元の状態に戻りますが、接点はその動作状態を保持します。もう一度操作を加えると、操作機構部も接点部も元に戻ります。オルタネイト形押しボタンスイッチは、このタイプのスイッチです。

　操作器具は、前述のように非常に便利で優れた性能機能のものが数多く開発されています。外観は似ていても、機能は違う場合がありますので注意が必要です。

　操作盤の設計や操作器具の選定は、その機械や装置の操作性を直接左右しますので慎重さが要求されます。また、全体の美観上にも大きな影響を与えますので、デザイン的にもきめ細かい配慮が必要です。

　操作盤には、操作器具、表示器具のほかに、計器類や調節計、それにブザーやベルなどの警報器具が取り付けられます。

　次に、それぞれ主なものについて説明しましょう。

1.1　操作器具

◉（1）押しボタンスイッチ

　操作器具の中で一番数多く使われているスイッチは、この押しボタンスイッチです。単に押しボタンスイッチというと、自動復帰接点型を意味するほどこのタイプのスイッチが多く使われています。

53

図4.2に最も基本的な押しボタンスイッチの構造図を示します。

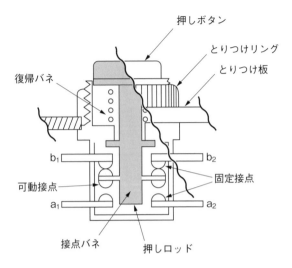

▲図4.2　基本形押しボタンスイッチ

　押しボタンスイッチは、ボタンやスプリングなどでできている操作機構部と、固定接点と可動接点とからできているコンタクトブロック部とから構成されています。
　図4.3に示すように、その用途や取り付けられる場所によって使い分けられるように、非常にたくさんの形のものが製作されています。コンタクトブロック部の構造機能は共通していますが、操作機構部の構造機能によってたくさんの種類になっているのです。
　図4.4にボタンの種類を示します。
　きのこ形ボタンは、非常停止用として用いられます。
　ガード付ボタンは、偶発的誤操作のおそれのあるところ、例えばペンダント形操作盤などに用いられます。
　操作機構部に細工を施して、機能を付加したタイプのスイッチとして主なものをあげると表4.2のようになります。
　押しボタンスイッチの取り付け方や取り付け寸法は、標準化されていますのであまり問題になることはありません。しかし、ボタンの色は操作上の重要な意味を持っていますので、きちんとした使い分けが必要です。
　この「色」についてはJIS B 9960-1（機械類の安全性－機械の電気装置－第1部）に決められています。

第4章 シーケンス制御に使われる電気器具

しかし、ユーザによって独特な色の使い方をしている場合がありますので、注意が必要です。

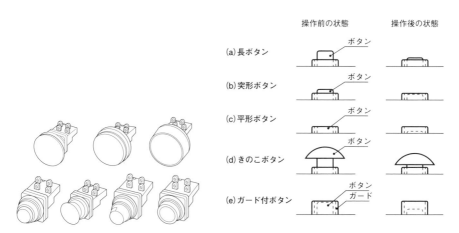

▲図4.3　各押しボタンスイッチ例　　　▲図4.4　押しボタンの種類

	スイッチの種類	説明	
1	照光ボタンスイッチ	ボタンの内側に電球または発光ダイオードなどを組み込んだボタンスイッチ	押しボタンスイッチと表示ランプとの両方の機能を持つ押しボタンスイッチ
2	選択押しボタンスイッチ	通常の押し操作に加えて、ボタンの周囲に設けられた選択リングもしくはレバー、またはボタンの回転操作によって正逆二つの接触子の選択が可能な押しボタンスイッチ	押しボタンスイッチと切換スイッチの機能を合わせたスイッチ
3	限時押しボタンスイッチ	押しボタンの復帰に続いて、セット時間が経過した後に、操作前の状態に復帰する接触子を持つ押しボタンスイッチ	
4	キー付押しボタンスイッチ	キーを挿入することによってだけ、操作が可能となる押しボタンスイッチ	
5	ロック付押しボタンスイッチ	ボタンまたはキーの回転またはレバーの操作などによって、通常のボタン操作を施錠できるロッキング装置を持つボタンスイッチ	
6	ラッチ付押しボタンスイッチ	ラッチ機構が附属し、この機構が別の動作によって解放するまで操作後の状態にとどまっている押しボタンスイッチ	同じボタンをもう一度押すことによって解放されるスイッチがオルタネイト押しボタンスイッチ

▲表4.2　押しボタンスイッチの種類

55

● (2) 切換スイッチ

切換スイッチは、セレクトスイッチあるいは選択スイッチと呼ばれているもので、正転・逆転などの回転方向の切換え、あるいは自動運転・手動運転などの運転方法の切換えなどに用いられる操作器具です。

押しボタンスイッチに次いで多く用いられる操作スイッチで、それぞれ特徴を持ったたくさんの種類のものが実用化されています。

次に代表的なものについて説明していきましょう。

切換スイッチ

図4.5は切換スイッチの外観図です。

切換スイッチは、押しボタンスイッチとよく似た形であり、寸法も取り付け方も同じことから、一番多く使用されています。

押しボタンスイッチのコンタクトブロックと同じ接点機構を用い、操作機構部がつまみやレバーになったものです。一定の角度だけひねって、カム機構によって接点を開閉させるものです。

操作部（つまみなど）の回転角度と接点の開閉の関係を示すと、表4.3のようになります。

つまみ形

レバー形

▲図4.5　切換スイッチ

ノッチ \ 接点			1A　1B	2A　2B
2ノッチ	左	↖	1 2 ○┴○ ○ ○ 3 4	1 2　1 2 ○┴○　○┴○ ○ ○　○ ○ 3 4　3 4
	右	↗	1 2 ○ ○ ○┬○ 3 4	1 2　1 2 ○ ○　○ ○ ○┬○　○┬○ 3 4　3 4
3ノッチ	左	↖	1 2 ○┴○ ○ ○ 3 4	1 2　1 2 ○┴○　○┴○ ○ ○　○ ○ 3 4　3 4
	中	↑	1 2 ○ ○ ○ ○ 3 4	1 2　1 2 ○ ○　○ ○ ○ ○　○ ○ 3 4　3 4
	右	↗	1 2 ○ ○ ○┬○ 3 4	1 2　1 2 ○ ○　○ ○ ○┬○　○┬○ 3 4　3 4

▲表4.3　切換スイッチのノッチ

カムスイッチ

図4.6はカムスイッチの外観図と内部構造図です。ハンドルをひねると角型シャフトに取り付けられているカムによって、接点が開閉するようになっています。そしてカムの角度に応じて付けられた切り込みによって、一回転360度を30度ずつで12ノッチまでの開閉の設定ができます。

さらに、このコンタクトブロックを必要な段数だけ積み重ねて、接点構成を自由に設定することができます。

操作つまみとしては、ハンドル形のほかに、卵形、菊花形などがあります。

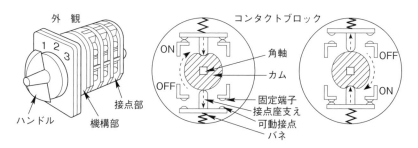

▲図4.6　カムスイッチの外観と内部構造

トグルスイッチ

スナップスイッチとも呼ばれている小形のスイッチで、取り付けスペースに制約がある場合に用いられています。図4.7に外観図を示します。

操作レバーにバネが組み込まれていますので、レバーを倒すとき、指の力の強さや速さに関係なく、接点の開閉の速さと接触圧力が常に一定になります。これを**スナップアクション**といいます。

スナップアクションによって接点の電流を開閉する能力、つまり電流容量が大きくなることを利用したスイッチです。

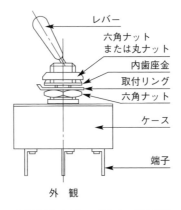

▲図4.7　スナップスイッチの構造

(3) その他のスイッチ

ジョイスティックスイッチ

ジョイスティックスイッチは、レバースイッチ、あるいは十字形方向スイッチなどとも呼ばれているものです。図4.8に示すように、上下左右の4方向に倒すことのできるレバー機構とコンタクトブロックにより構成されています。

方向選択とON-OFFが同時にでき、寸行操作ができるように丈夫な構造となっています。搬送台車のように、2次元平面上を移動する機械の運転操作に適しています。

第**4**章　シーケンス制御に使われる電気器具

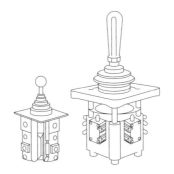

▲図4.8　ジョイスティックスイッチの外観図

デジスイッチ

　デジスイッチは、10進数値や16進数値などの数値情報を出力するスイッチです。文字車を親指で1ステップずつ回して設定することから、サムホイールスイッチあるいはサムロータリスイッチなどと呼ばれています。

　位置決め制御装置への位置指令用や、回転速度の設定用など、デジタル制御装置の数値設定用として用いられています。

　3桁用とか4桁用とか、始めから一定の桁数でできているスイッチと、1桁ずつ必要に応じて組み立てて使用するスイッチとあります。

　図4.9は4桁のデジスイッチの外観図、図4.10はその内の1桁の内部回路図です。

　1、2、4、8の各スイッチが文字車によってON-OFFしてその組み合わせによって数値を出力します。

▲図4.9　デジスイッチの外観

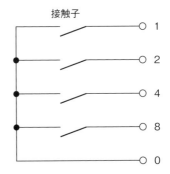

▲図4.10　デジスイッチの内部回路

59

表4.4に10進用のスイッチの場合の数値出力と各接触子の動作を示します。

デジスイッチは、主に電子回路とのインターフェース用として使われることを目的としてできており、電流容量が小さいので注意が必要です。

ダイヤル	出力			
	1	2	4	8
0	×	×	×	×
1	○	×	×	×
2	×	○	×	×
3	○	○	×	×
4	×	×	○	×
5	○	×	○	×
6	×	○	○	×
7	○	○	○	×
8	×	×	×	○
9	○	×	×	○

▲表4.4　デジスイッチの出力

1.2　表示器具

● (1) 表示ランプ

表示用ランプは、機械や装置の運転状態、あるいは速度や温度の設定の状態をオペレータに知らせる目的で、いろいろなものが使われています。

形状から分類するととても分類できないほど、たくさんの種類がありますが、主なものを図4.11に示します。

第4章 シーケンス制御に使われる電気器具

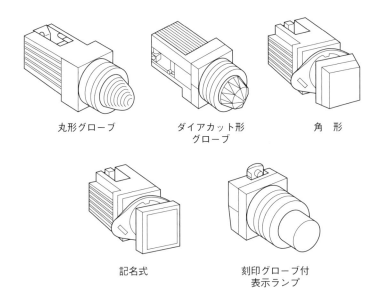

▲図4.11 表示ランプのいろいろ

　発光素子としてのランプには、白熱電球とLED（発光ダイオード）の2種類があります。

　白熱電球式は、高照度で色の選択には問題はないのですが、寿命に難点があります。

　LED式は、照度にやや難点があり、また色の種類も少なく使いにくい点がありましたが近年著しく改良が進み、少電力で極めて寿命が長いということからたいへん多く使われるようになりました。

　ランプ電圧は、6V、12V、24Vなどがあり、この電圧をダイレクトに使う場合と、変圧器で降圧して使用する場合があります。

　表示ランプの色の使い方については、押しボタンスイッチの場合と同様な注意が必要です。各種の規格や規定に従って適切に選定しないと、重大な障害の発生につながる危険性があります。

　表示ランプの色別についてはJIS B 9960-1（機械類の安全性－機械の電気装置－第1部）に規定されています。

● (2) デジタル表示器

デジタル表示器はLED（発光ダイオード）の応用製品の一つであり、7個のLED素子（セグメント）の組み合わせで、数字とアルファベットなどを表示することから「**7セグLED**」（7 SEG LED）とも呼ばれています。

シーケンス制御の分野でも制御内容の高度化に伴い、数字や文字による表示や信号の伝達は、たいへん多く利用されています。

図4.12はその外観図です。

図4.13は7個の素子（セグメント）からなる数字パターンです。一桁のもの（単桁タイプ）を必要桁数積み重ねて使うタイプと、始めから一定の桁数を組み合わされて製作されているもの（多桁タイプ）とあります。

▲図4.12　デジタル表示器の外観図　　▲図4.13　文字パターン

図4.14は、デジタル表示器（一桁）の内部ブロック図と、表示のための信号回路です。4個の送信用スイッチ、S1、S2、S3、S4を使って、データ入力端子からそれぞれONとOFFを入力すると、必要な数字が表示されます。入力信号と出力である表示文字との関係は、表4.5のとおりです。16進表示用のものもあります。

表示文字の色には、赤と緑があり、また大きさや取り付け構造、さらには信号の伝送方式などによりたくさんの種類があります。

前述のように、デジタル表示器は、エレクトロニクス回路で構成されていますので、信号の送り方や周辺機器の選定などに、エレクトロニクス回路特有の注意が必要です。

詳細は各メーカの取り扱い説明書を参照してください。

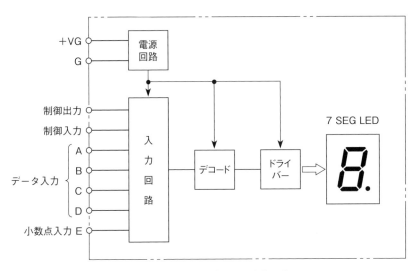

▲図4.14　デジタル表示器の内部回路図

入力信号					表示文字
A(S1)	B(S2)	C(S4)	D(S8)	E	
×	×	×	×	×	0
○					1
	○				2
○	○				3
		○			4
○		○			5
	○	○			6
○	○	○			7
			○		8
○			○		9

▲表4.5　入力信号と表示文字

● (3) 指示電気計器

　指示電気計器は、電気量をアナログ的に指示する計器で、目盛り板上の目盛りを指針で指示するものでたくさんの種類があり、それぞれ必要とする精度や用途に応じて使われています。

　シーケンス制御の現場では、高精度を必要とする用途は少なく、むしろ取り付け場所からの制約を受けることが多いことから、図4.15に示すような小形のパネル取り付け形の指示計器が多く用いられています。

　電源電圧やモータの負荷電流などの電気量は、それぞれ交流電圧計、交流電流計で計則表示します。

　回転速度や圧力あるいは変位などの物理量は、専用の変換器（トランスデューサ）で、一度、電気量（直流電圧）に変換して、直流電圧計で計測表示するようになっています。

　このアナログ式指示計器に対して、図4.16に示すようなデジタルパネルメータも用いられています。

　圧力や温度などのトランスデューサからの出力（電圧または電流）をA/D変換し7セグLEDにより表示するものです。

　小形で信頼性も高く、マイクロプロセッサを搭載しているため、単位変更やスケーリングなどが簡単にできます。現場での変更に即応できるので使いやすく、さらに多機能であることなどから各種のトランスデューサの開発とともに、広く用いられています。

▲図4.15　パネル取り付け形指示電気計器

▲図4.16　デジタルパネルメータ

第4章 シーケンス制御に使われる電気器具

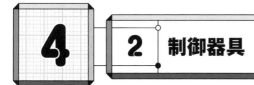

制御器具の主役は、電磁継電器です。すでに第1章で学んだように、電磁継電器は、電磁石の力を利用して接点を開閉するものです。電磁継電器は、小さな制御電力で大きな電力を制御する電磁接触器のようなものから、単に微弱な電気信号のみ制御する小形リレーのようなものまで、すべて同じ原理です。

このほかに、ロータリリレーやラッチリレー、計数リレーなどがありますが、これらはみな電磁継電器の応用製品になります。

2.1　電磁継電器

電磁継電器は単にリレーともいい、電動力応用の機械や装置の制御や保護を目的として非常に広い分野で利用されています。

用途別、構造別に分類すると非常に多くの種類がありますが、ここでは、代表的なタイプのリレーについて説明しましょう。

図4.17(a)(b)は、シーケンス制御の分野で最も多く使われている小形リレーの構造と機能の説明図です。

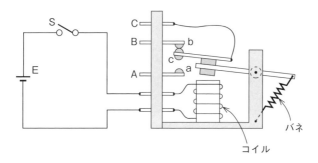

▲図4.17(a)　小型リレー(ヒンジ型)の原理構造

図4.17(a)から分かるように、リレーが動作していない状態では、接点cと接点bが接触していて、端子Cと端子Bが電気的につながっています。

そして接点cと接点aは離れているので、端子Cと端子Aは電気的につながってい

65

ません。

　さてここで、図4.17(b)のようにスイッチSを入れて、電磁コイルに電流を流すと、鉄芯が磁化されて鉄片（アマチュア）を吸引して、端子CとBとの間が開いて（OFF）、端子CとAとの間がつながり（ON）ます。

　このように、動作したときONする接点がA接点であり、OFFする接点がB接点です。

　C端子は、A接点とB接点との共通端子となっていて、リレーが動作したときC端子に対してA端子とB端子との接続状態が切り替わることになります。このことからこのような接点を、A接点とB接点とをひとまとめにして、**C接点**（切換え接点）あるいはT接点（トランスファー接点）ともいいます。

　C接点をA接点として使用するときはB接点端子は使用できず、またB接点として使用するときはA端子は使用できません。

　標準形のリレーは、このC接点を2ないし4組搭載しています。一つの接点信号を受けて複数の接点信号に変換するわけで、いわば**信号の数の増幅**をしていることになります。

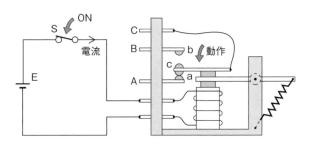

▲図4.17(b)　小型リレーが動作した状態

　C接点の代わりに、A接点とB接点とが独立している図4.18のようなリレーもあります。図4.18から分かるように、プランジャー形の電磁石を使用していることから、プランジャー形リレーと呼ばれています。

　同図(a)は構造図、同図(b)は動作した状態を示す説明図です。

　プランジャー形リレーは、小形プラグインリレーと異なり、強力な電磁石を利用していて接点の電流容量が大きく、電磁クラッチや小形モータを制御できます。

　このタイプでは信号数の増幅だけでなく、**開閉電流の容量の増幅**もしているのです。

電磁継電器をこの二つの増幅機能の増幅器として考えた場合、忘れることのできない重要な利点があります。それは**入力回路と出力回路が、電気的に絶縁されている**ということです。

このことはほかの複数の制御システムと連携する場合に大きな効果を発揮します。

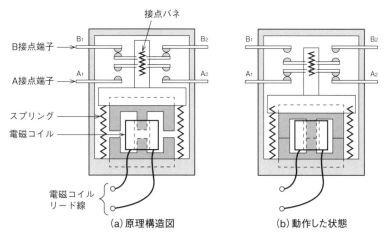

▲図4.18　プランジャー型リレー

2.2　限時継電器

限時継電器は、一般にタイムリレーあるいは単にタイマなどと呼ばれているものです。入力信号（接点）を受けてから、一定時間後に出力信号（接点）を出す継電器です。何秒後に出力信号を出すかというその遅れ時間は、あらかじめ設定しておきます。

入力信号を受けてから遅れて出力するタイプのタイマを、**オンディレー式タイマ**といい、入力信号を取り去ってから遅れて出力するタイプのタイマを、**オフディレー式タイマ**といいます。

近年における電子技術の発達に伴い、小形で高性能でかつ多機能な優れたタイマが、いろいろな種類、開発されています。

タイマには、時間の設定制御の方式により大別すると、電子式とモータ式とがあります。さらに電子式には、時間要素によって、CR式と計数式とがあります。

電子式タイマには、図4.19に示すように、ダイヤルつまみで設定表示するアナログ

67

式と、設定も表示もデジタルに行うデジタル式とあります。

これは、設定と表示の方法が異なるだけで、内部は図4.20に示すようにマイクロプロセッサなどの最新のデジタル技術を応用した電子回路で構成されています。

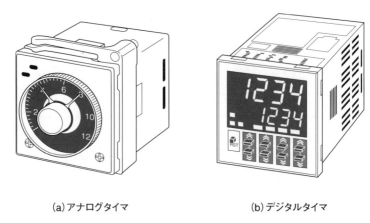

(a)アナログタイマ　　　　　　　　　　(b)デジタルタイマ

▲図4.19　電子式タイマの外観図

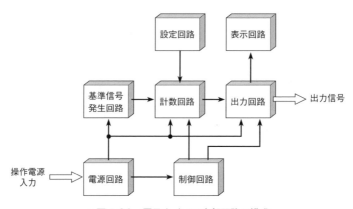

▲図4.20　電子タイマの内部回路の構成

モータ式タイマは、時間制御要素として小形のシンクロナスモータやステッピングモータによる時計機構を使用したタイマです。

タイマは非常に多種類のものが製品化されていますが、特に電子式タイマはいずれも小形高性能で制御機能も多く、中には単なる一制御器具としてのタイマの域を越えたものも少なくありません。

このようなことから、最近では電子式タイマが主流になっています。
表4.6はタイマの種類とその一般的な特徴をまとめたものです。

方式			長所	短所
電子タイマ	アナログ式	CR式	小型、安価、高頻度反復使用に好適	時間精度はラフ、電圧、温度の影響を受けやすい、長時間使用は不向き
		計数式（CR発振）	小型、多機能、高頻度反復使用に好適、長時間マルチレンジも可能	時間精度はラフ、耐ノイズ性について注意が必要
	デジタル式	計数式（クオーツ発振）	高性能、多機能、時間精度高く、マルチレンジ設定・表示すべてデジタル	耐ノイズ性について注意が必要、電源仕様注意必要
モータタイマ	アナログ式	機械式	長時間制御に好適、温度、電圧の影響を受けず時間精度高い	最小設定時間があらい、機械構造のため耐久性に難がある

▲表4.6 タイマの種類と主な特徴

2.3 カウンタ

カウンタは、入力として与えられるパルス状の電気信号の数を計数し、表示したり制御する制御器具です。

この場合の入力（電気）信号というのは、図4.21（a）に示すような電気接点のON-OFFや、同図（b）のように、一定の大きさを持ってON-OFFする電気信号（例えば電圧）のことです。

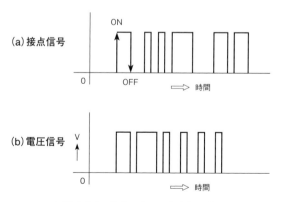

▲図4.21 カウンタへの入力信号波形

69

電磁カウンタは、入力信号に従って電磁石をON-OFFさせ、その磁力によって文字車を1ステップずつ回転させ表示するものです。

電子カウンタは、トランジスタやICで構成された電子回路によって計数し、デジタル表示器により表示するものです。タイマと同様に、小形で高性能高機能のものが多数開発され、広く利用されています。

トータルカウンタは、ゼロセットしてからの入力信号を計数表示するもので、制御機能は持っていません。

プリセットカウンタは、あらかじめセットした数値（プリセット値）と計数値が一致したとき、一致信号を出力するものです。

リバーシブルカウンタは、プラス信号の数とマイナス信号の数とを常に加減算しながら、計数結果を表示したり出力したりします。マイクロプロセッサを装備した高機能高性能のものでは、その豊富な付加機能を利用して、デジタル位置決め制御ができるようなものもあります。

表4.7は電磁カウンタと電子カウンタの特徴をまとめたものです。図4.22は電子カウンタの外観図、図4.23は内部回路の構成図です。

種類	長所	短所
電磁カウンタ	安価、耐ノイズ性強い	入力パルス周波数低い、機能少ない
電子カウンタ	計数可能周波数高い、多機能、高性能	耐ノイズ性注意必要、電源仕様注意必要

▲表4.7　カウンタの種類と主な特徴

(a) 多機能カウンタ　　　　　　　　　(b) 小型トータルカウンタ

▲図4.22　電子式カウンタの外観

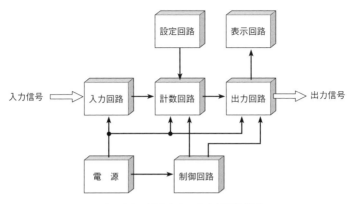

▲図4.23　電子カウンタ内部回路構成

2.4　電磁開閉器

　電磁開閉器は、電磁石の力で開閉する開閉接点により、電動機などの負荷電流を開閉制御する制御器具で、次のように定義されています。

　「ここにいう交流電磁開閉器とは、主回路が50Hzまたは60Hzの回路に使用され、電磁石の励磁によって閉路し、消磁によって開路する接触子を持ち、かつ、電気回路の頻繁な開閉に耐える開閉部と、過負荷継電器とを備え、操作開閉器などによって操作される箱入形開閉器をいう」

　つまり、電磁接触器（コンタクタ）と過負荷継電器（サーマルリレー）とを組み合わせ、箱に入れた交流用の開閉器が、電磁開閉器（マグネットスイッチ）です。

● (1) 電磁開閉器の構成

　電磁開閉器は、次にあげる要素から構成されています。

- 主接点：主回路を流れる負荷電流を開閉する接点
- 補助接点：自己保持やインターロックなどの制御に使われる接点
- 電磁石：磁力により主接点と補助接点とに機械的運動を与えるもの
- 過電流継電器：負荷電流が予定値を超えたとき電磁石の励磁を解き、主接点並びに補助接点を解放して負荷電流をしゃ断するもの

- 接続端子：主回路用端子と制御回路用端子
- その他：電圧計、電流計、動作表示灯、操作用押しボタンスイッチなどが使用目的や場所によって組み合わせて用いられる

　箱入形の電磁開閉器は、1台の電動機を単純に始動・停止させるだけの用途に用います。箱なしのものは、ほかの制御器具とともに、制御盤の中やコンパートメントの中に取り付けて使用します。

● (2) 熱動形過電流継電器

　熱動形過電流継電器は、一般に**サーマルリレー**と呼ばれています。電動機などの負荷電流によって生ずる熱を、直接または間接にバイメタルに加え、その熱膨脹計数の差によって、わん曲する作用で接点を開閉させるものです。

　電動機が過負荷で危険な状態になるのは、流れる電流の大きさとその時間によって決まります。したがって、電流によって生ずる熱によって動作するサーマルリレーは、電動機の過負荷保護用としては理想的です。

　サーマルリレーには、**自動復帰形**と**手動復帰形**の2種類があります。

　図4.24は手動復帰形の動作原理図です。

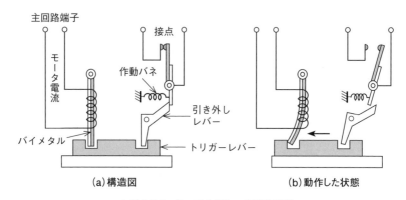

▲図4.24　サーマルリレーの動作原理

過電流の大きさとリレーの作動時間との間には、一定の関係があり、これについてJIS C 8325に「過負荷保護装置の動作特性」として次のように決められています。

(1) 整定電流の600%の電流を通じ、2～30秒で動作すること。
(2) 整定電流を通じ、温度が一定となった後、整定電流の200%の電流を通じ、4分以内に動作すること。
(3) 整定電流を通じても動作せず、温度が一定となった後、整定電流の125%の電流を通じて2時間以内に動作すること。

図4.25に、その動作特性の一例を示します。

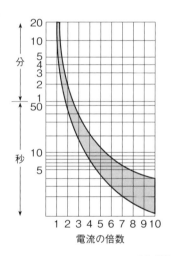

▲図4.25　サーマルリレーの動作特性

図から分かるように、特性曲線には幅がありますので、電動機の全負荷電流値を見て、この設定幅の中心に合わせるように選定します。

● (3) 電磁開閉器の動作

図4.26は、負荷として三相誘導電動機を接続した場合の電磁開閉器の実体配線図です。この図によって、電磁開閉器の制御動作を説明します。

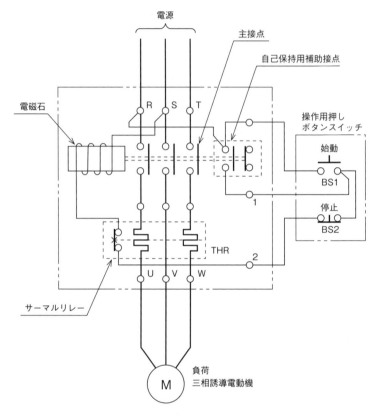

▲図4.26　電磁開閉器の動作説明

電源用端子R、S、Tに、三相交流電源（200V）が接続されています。

ここで始動用押しボタンスイッチBS1を押すと、端子RからBS1とBS2およびサーマルリレーTHRを経て、さらに電磁石のコイルを通って端子Sまでつながり、電流が流れます。そして電磁石が励磁され、磁石の力で主接点と補助接点が閉路して、電動機が始動します。

始動用押しボタンスイッチから手を離しても、**電磁開閉器は補助接点により自己保持**していますので、動作状態を保ち、電動機は回転を続けます。

停止させたいときには、停止用押しボタンスイッチBS2を押します。

BS2の接点（B接点）が開き、電磁石に流れていた電流が切れます。すると、電磁石の励磁が切れて、自己保持が解かれます。そして主接点および補助接点は、スプリングの力で開いて電動機は停止します。

運転中に、もし事故や過負荷などにより、電動機電流、つまり負荷電流が一定の大きさ（定格電流）を超えた場合には、サーマルリレーTHRが働いて、その接点（B接点）が開いて電磁石に流れている電流を切ります。これは、停止用の押しボタンスイッチを押したのと同じことになり、電磁開閉器を開いて電動機を自動的に停止させることができます。もちろん停電のときや過負荷のときにも停止します。

停止後、電源が正常に復帰しても、またサーマルリレーをリセットしても、電動機が勝手に始動することはありません。

安全な状態を確認してから、もう一度始動用押しボタンスイッチを押さなければ始動できません。

このことは、電動機運転上の安全のために極めて重要なことですが、これは自己保持回路によって初めて可能なことです。

(4) 電磁開閉器の制御回路図

図4.27は、図4.26をシーケンス制御回路図で表したものです。

これは構造や配置は省略して、それぞれ決められたシンボルを使ってその制御装置の機能やロジックを重点的に分かりやすく表したものです。

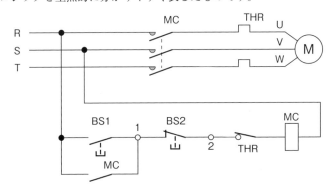

▲図4.27　図4.26をシーケンス制御回路図にしたもの

4.3 検出器具

　検出器具には、速度・圧力・温度などのアナログ量を検出する一般にセンサと呼ばれているタイプの検出器具と、一般にリミットスイッチと呼ばれている機械的位置を検出する接点式検出器具とあります。

3.1 センサ

　センサで検出する電気信号には、単に検出すべき物理量に比例した電圧などの電気量に変換する図4.28 (a) に示すタイプのものと、検出した物理量があらかじめ設定した一定値に達したとき一致信号を出力する同図 (b) に示すタイプのものとあります。

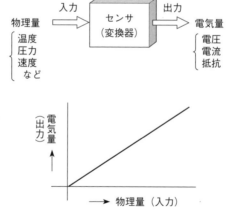

▲図4.28 (a)　リニアセンサの出力

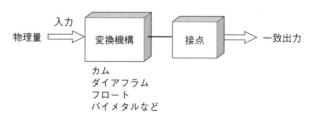

▲図4.28 (b)　一致信号出力センサの回路構成

シーケンス制御の分野で用いられるものは主に後者です。一致信号の形としては、接点式と無接点式とあります。

検出器具も、高度な電子技術を応用した小形で高性能なものがたくさん開発され、利用されていますが、単なる一器具の領域を超えた、多機能で高性能なものが少なくありません。

これらの電子製品ともいうべき検出器具の基本的構成を示すと、図4.29 (a) のようになります。

電子式センサには、検出部 (センサヘッド) の小形化に重点を置いて、増幅出力部を分離した分離形と、システムの簡素化を重視して全体を一つのケースに納めた一体形とがあります。

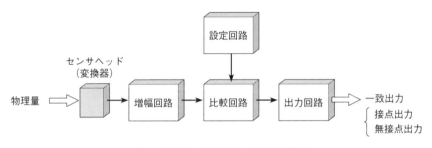

▲図4.29 (a)　電子式センサの回路構成

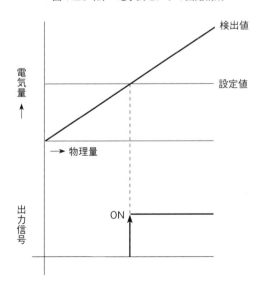

▲図4.29 (b)　電子式センサの検出と出力

一体形では、全体を小形化する必要から、信号出力はトランジスタやICなどの無接点出力になっています。

前述のように、非常に多種類のものが開発され利用されていますが、本書ではシーケンス制御の分野で一般的に使われているものの中から、主なものを選んで説明します。

3.2　リミットスイッチ

機械の自動化を目的としたシーケンス制御用の検出器具の主役は、何といってもリミットスイッチです。

リミットスイッチは、前後左右に移動する機械各部の位置や、コンベア上を搬送されてくるワークの位置などを検出するための検出器です。

かつては、単にリミットスイッチといえば、専用に作られたリミットスイッチか、あるいは基本形マイクロスイッチをダイキャストケースに封入した**封入形マイクロスイッチ**を意味していました。開閉部が堅牢なダイキャストケースに封入されていますので、機械的に強く、そして耐油防塵構造になっていて、**自動運転の機械の位置検出器**として古くから利用されてきました。

リミットスイッチは、アクチュエータによって、ローラレバー形、プランジャー形、コイルスプリング形など、いろいろな種類に分けられます。アクチュエータは、機械的運動体に取り付けられているカムやドッグから力を受けて、これを内部の接点部に伝えるためのものです。

このほかに、ICなどの半導体技術の応用製品である近接スイッチや光電スイッチなども小形で信頼性も高く、無接触の位置検出器としてたいへん多く利用されています。

広い意味の位置検出器、つまりリミットスイッチとして使用される検出器具には、たくさんの種類があります。これを整理すると表4.8のようになります。

これらは、検出すべき対象物の形状や大きさ、あるいは速度や検出精度、そして検出器具の取り付けられる環境などの点から検討されて、最適なものが選ばれて使用されます。

以下順を追って説明しましょう。

種類		出力形式		アクチュエータ
^^	^^	接点	無接点	^^
機械式	マイクロスイッチ	○		ローラやレバーなど機械的に動作させる
^^	リミットスイッチ 封入形マイクロスイッチを含む	○		
電子式	近接スイッチ	○	○	無接触検出
^^	光電スイッチ	○	○	
^^	超音波スイッチ	○	○	
磁気式	リードスイッチ	○		
電子式	タッチスイッチ	○	○	機械的接触

▲表4.8　リミットスイッチの種類

● (1) マイクロスイッチ

　マイクロスイッチは、基本的に図4.30のような構造のスイッチで、JISに次のように定義されています。

　マイクロスイッチとは「微小接点間隔とスナップアクション機構を持ち、規定された動きと規定された力で開閉動作する接点機構がケースで覆われ、その外部にアクチュエータを備え、小形に作られたスイッチをいう」。

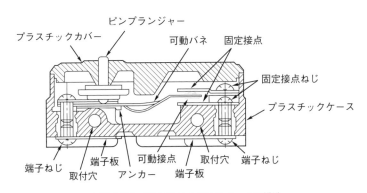

▲図4.30　基本形マイクロスイッチの構造

　寸法、形状、アクチュエータの構造などたくさんの種類のものが製作されていますが、図4.31に最も基本的なものの外観図を示します。

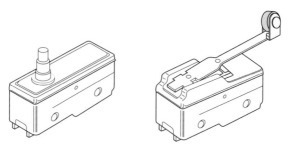

▲図4.31　基本形マイクロスイッチ外観図

図4.32 (a) に封入形マイクロスイッチの内部構造図、同図 (b) に外観図を示します。

COM (Common) は共通端子、NO (Normal Open) は常時開接点、つまりA接点端子です。NC (Normal Close) は常時閉接点、つまりB接点端子です。

アクチュエータが押されることにより、内部接点の接続関係が切り替わります。

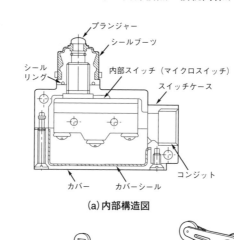

(a) 内部構造図

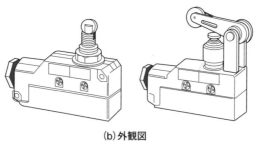

(b) 外観図

▲図4.32　封入型マイクロスイッチ

図4.33は、マイクロスイッチの内部回路図です。

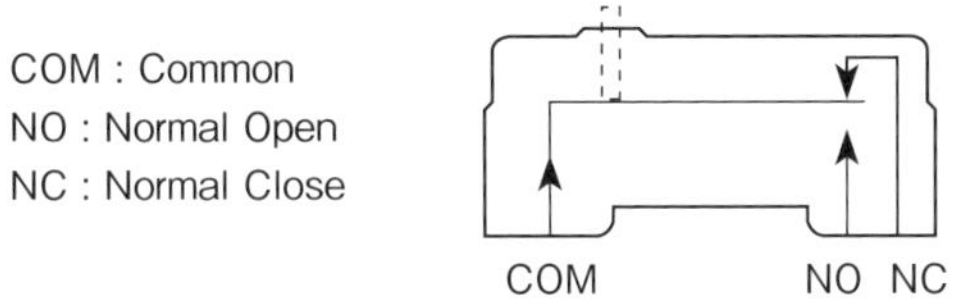

COM : Common
NO : Normal Open
NC : Normal Close
COM
NO
NC

▲図4.33 マイクロスイッチ回路図

(2) 近接スイッチ

近接スイッチには、磁界を利用する磁気作用形と、電界を利用する静電容量形とがあります。

その仕組みは、磁気または電界を発する検出ヘッドが、ほかの金属体が一定距離以内に接近したとき、その磁気または電界に変化を受けることを利用したものです。

そして、この微弱な変化を検知して、半導体増幅器によって増幅し、出力回路よりON-OFF信号を出力するので、一種のリミットスイッチです。

図4.34に、磁気作用形の近接スイッチの原理図を示します。

検出
回路
増幅
回路
出力
回路
出力
磁界
検出コイル
金属片

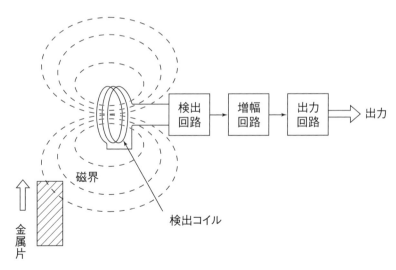

▲図4.34 近接スイッチ（磁気作用形）の原理図

マイクロスイッチが、機械的な力でアクチュエータを押して接点を働かせるのに対して、近接スイッチは、**無接触で接点を働かせて位置を検出できる特長**があります。

したがって、例えばコンベアに載せられて運ばれて来る金属片のようなものでも検出できるのです。

リードスイッチも、磁気作用形の近接スイッチの一種です。

リードスイッチは、磁性体の薄片でできている接点をガラス管の中に不活性ガスとともに封入してあり、ほこりや腐食性ガスなどの影響を受けないので、接触信頼性が高く広い範囲で使用されています。

図4.35はリードスイッチ式近接スイッチの原理図です。

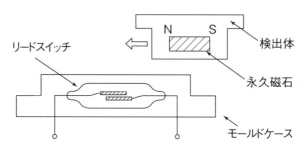

▲図4.35　リードスイッチの原理図

検出体に取り付けられた磁石（永久磁石）がリードスイッチに近付くと、リードスイッチの接点片が磁気の力によって接触してON信号を出力します。

またリードスイッチは、磁気コイルと組み合わせていわゆるリードリレーとしても、高頻度で信頼性を必要とする用途に使われています。

(3) 光電スイッチ

光電スイッチは、光の有無をON-OFF信号に変換する検出器で、図4.36はその原理図です。

光を受けると、この光をフォトトランジスタなどの光電素子によって電気信号に変換し、これを増幅して出力回路を通して外部に出力します。

小形化や簡素化、あるいは信号伝達の信頼性向上を目的として、無接点出力形が主流となっていることは、近接スイッチの場合と同様です。

検出する光の取り入れ方によって、図4.37のように反射板形と透過形との2種類があります。

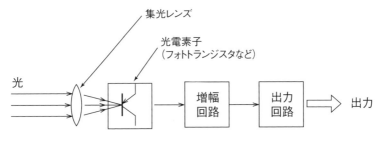

▲図4.36　光電スイッチの原理図

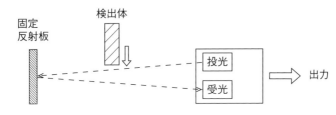

(a) 固定反射板形

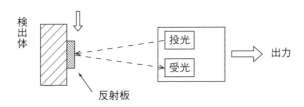

(b) 移動反射板形

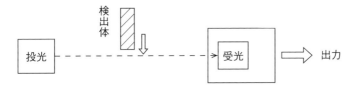

(c) 透過形

▲図4.37　光電スイッチの検出方式

反射板形の場合は、同図 (a) のように検出体によって光をさえぎる方式のものと、同図 (b) のように検出体に反射板が取り付けられている方式のものとがあります。

透過形は、発光部と受光部との間に、検出すべき物体（不透明）が入ってくると、光がさえぎられて、リレーが働いて何かがきたことを検知するのです。

検知する物体との距離やその大きさによって、さまざまのタイプのものがあります。また、光電検出部を分離して光ファイバを使って狭いところでの小さい物体の検知や、危険場所での検知を可能にしたものもあります。

さらに、レーザ光線を使用して、高精度位置検出や微小物体の検出を可能にしたもの、あるいは検出距離を長くしたものなどがあります。

3.3　その他の検出器具

シーケンス制御は非常に広い分野で応用されていますが、どこまで広がるかはセンサ、つまり検出器具の開発にかかっています。

近年さまざまな新しい検出素子（変換素子）が開発され、マイクロエレクトロニクス技術の進歩と両々相まって、小形高性能で安価でさらに信頼性も耐久性も高い各種の電子式センサが出現しています。

高機能高性能のものの中には、若干専門知識の必要なものもありますので、最適なシステムの構築のためには十分な調査検討が必要です。各種タイプのリミットスイッチのほかに、シーケンス制御の分野で普及している主なセンサは次のとおりです。

プレッシャースイッチ

各種の液体（水や油など）や気体（空気やその他のガス）の圧力を電気信号に変換するもの。

フロートスイッチ

タンクに貯蔵されている各種の液体や粘性体（塗料や薬品）の液面の高さを検出するスイッチ。フロート（浮子）式、圧力式、電極式などがある。

温度スイッチ

バイメタルによって接点を働かせるサーモスタットと呼ばれている温度スイッチとサーミスタ（半導体素子）などによって温度を電気信号に変換し、さらにトランスデュー

サによって接点信号に変換する方式のものとある。

図4.38は、プレッシャースイッチの原理図です。圧力の大きさによってベローズが膨らみ、このベローズの膨らむ力でスイッチの接点を働かせるものです。

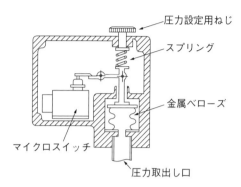

▲図4.38　プレッシャースイッチの動作原理図

Column　シンドラー社製エレベータ事故の原因と責任

2006年、東京都港区の公共マンションで、停止中のエレベータが突然動き出して男子高校生がエレベータに挟まれて死亡するという痛ましい事件が起きたことは記憶に新しいことです。

事故発生後10年以上を過ぎて、港区並びに製造および保守点検の業者側の被告らがやっと責任を認め、連帯して和解金を支払うことで和解が成立したことが報道されました。

エレベータなど上下方向に走行する搬送装置において、常時作動する主ブレーキと事故発生時などのとき作動する補助ブレーキ（オフブレーキという）とを備えた二重ブレーキは安全上の必須条件であり、当該製造業者の最低限度の常識です。

所轄官庁の定める当時の法律では、ブレーキは常時作動のブレーキ一個でよいことになっていたそうですが、この事故の根本原因はここにあるといわざるを得ません。

和解が成立したとはいえ、遺族の皆さんの心が癒えるとは思えず、所轄官庁並びに関連業者に、再びこのような不祥事を起こさないよう強い反省を求めるものです。

注　オフブレーキとは、電源が切れる（停電のときなど）とスプリングの力で作動するブレーキです。詳しくは114ページを参照してください。

4 駆動制御機器

シーケンス制御では、制御対象であるさまざまな機械や装置を構成する各要素の回転や移動などの運動を制御します。

この運動は各種駆動機器を制御回路や制御装置によって制御し達成します。

工場などの機械現場で、機械的エネルギー源として用いられる駆動制御機器は電動機です。

単体として用いられる駆動制御機器としては、三相誘導電動機や主としてアクチュエータとして用いられる電磁クラッチ＆ブレーキ、さらに油空圧シリンダなどがあり、古くから使用されてきています。

近年電子技術の高度な発達に伴い、新たに開発された制御装置と組み合わせた形の可変速制御電動機やサーボモータなど小型で使いやすく、機能性能の優れた駆動制御機器が普及しています。

これら駆動制御機器を整理すると表4.9のようになります。

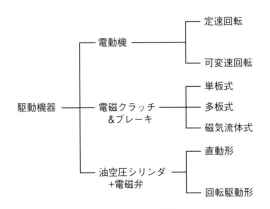

▲表4.9　駆動制御機器の表

これらの駆動制御機器を目的に応じて適宜に選定し、活用することによってシーケンス制御の域を超えた高機能の生産システムの構築が容易になってきています。

第**4**章 シーケンス制御に使われる電気器具

また、新規に開発する場合のみでなく、例えば**既設の生産システムに用いられている旧型の駆動機器を新鋭の駆動機器に置き換えて改造することにより、驚くべき高性能な生産システムに容易に変身させる**ことが可能です。

4.1 電動機

駆動機器としての電動機には、優れた定回転速度電動機としての三相誘導電動機と変速を必要とする用途に用いられる可変速電動機とあります。

三相誘導電動機は、安価で耐久性に富む優れた電動機で単体で用いられる電動機の中で最も多く用いられてきている電動機です。

変速を必要とする用途には、かつて直流電動機が使われていましたが、近年になってパワーエレクトロニクスの進歩に伴い出現したインバータ（三相導電動機駆動用可変周波数発生器）によって三相誘導電動機の変速が可能になり、この方式が急激に普及し、旧来の直流電動機は市場から消えました。

直流電動機はその後ブラッシュレスDCモータと形を変えて現れ、アクチュエータなどの小容量の用途に用いられるようになってきています。

各種のタイプのサーボモータは位置決め制御など高性能を必要とする機械制御の分野で多く用いられています。

小型の電動機には単相誘導電動機や単相整流子電動機など各種のタイプがあり、従来どおり今でも小容量（200W程度以下）の補助的用途に用いられています。

シーケンス制御で用いられるこれらの電動機を整理する表4.10のようになります。ここでは産業界で活用されている主要なものについて説明します。

電動機	変則	種別	主な用途
	定回転速度電動機	三相誘導電動機	一般回転駆動
		単相誘導電動機	小容量補助装置
		単相整流子電動機	
	可変回転速度電動機	三相誘導電動機 ＋インバータ	一般可変速回転駆動
		各種サーボモータ ＋専用コントローラ	各種サーボ コントロール
		ブラッシュレスDCモータ ＋専用コントローラ	各種アクチュエータ

▲表4.10 電動域の表

87

4.2 三相誘導電動機

　定速度電動機の雄である三相誘導電動機は、産業用電動機としての要件をすべて備えている優れた電動機です。

　三相誘導電動機は、よく知られているように「**アラゴの円盤**」の原理によって回転子（ロータ）に回転力（トルク）を発生し回転します。

　磁界の回転、つまり**回転磁界**は、三相交流電流によって与えられます。

　回転磁界の回転速度は、電源周波数と電動機の極数とによって決まり、一定の回転速度、つまり「**同期速度**」で回転します。回転子は、この回転磁界に引っ張られて回転し、負荷トルクがかかるとわずかに遅くすべって回転します。

　三相誘導電動機には、ロータの構造によって、かご形モータと巻線形モータがあります。特別な場合を除いて、単にモータといえばかご形モータを指すほど、かご形モータが数多く使われています。

　かご形モータは、回転子が「かご」のような形をしていることから、かご形モータと呼ばれています。図4.39は、外観図と内部構造図です。

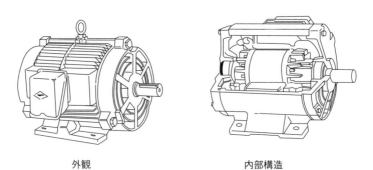

外観　　　　　　　　　　　内部構造

▲図4.39　三相誘導電動機の外観と内部構造

(1) 特長

かご形モータは、ほかのモータに比べて、次のような特長を持っています。

(1) 回転子の構造が簡単

(2) 機械的に強く故障が少ない

(3) 取り扱いが簡単

(4) 交流電源が直接利用できる

(5) 始動・停止・逆転の制御が簡単

(6) 安価である

かご形モータの始動トルクの大きさは、回転子の構造、つまり「かご」の構造によって異なります。

かごの種類には、普通かご形、二重かご形、深ミゾかご形などがあります。表4.11に標準形のかご形モータの特性数値（概数）を示します。

出力 (kW)	定格電流 (A)		始動電流 (A)		始動トルク (%)		停動トルク (%)	
	200V		200V		200V		200V	
	50Hz	60Hz	50Hz	60Hz	50Hz	60Hz	50Hz	60Hz
0.75	3.6	3.2	20.0	18.0	310	270	270	250
3.7	14.2	14.0	104	100	360	360	320	285
11	42.5	41.0	260	234	280	235	255	220

▲表4.11　標準モータ特性一覧表（全閉外扇三相かご形）

(2) 特性

機械を駆動制御するために、必要な最適なモータを選定するには、その特性について知る必要があります。

特にトルクと電流との関係が重要です。

図4.40は、トルク－速度特性曲線、図4.41は出力特性曲線です。

この二つの図に従って重要な特性項目について説明しましょう。

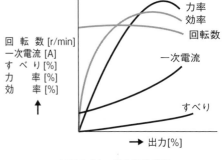

▲図4.40　速度−トルク　　　　▲図4.41　出力特性曲線

始動トルク

電動機が回転しようとする力をトルクといいます。回転速度ゼロの状態、つまり停止している状態で、電動機に電圧を加えた瞬間に発生するトルクを始動トルクといいます。

図4.40のTsが、始動トルクです。

停動トルク

電動機が始動して速度が増すに従って、トルクは次第に大きくなり、最大トルクになった後、急に小さくなり、同期速度ではほぼゼロとなります。

図4.40においてT_dが、最大トルクで、これを停動トルクといいます。

全負荷トルク（定格トルク）

これは電動機が連続して負荷を駆動できるトルクで、定格トルクともいいます。図4.40においてT_rが全負荷トルクです。

このトルクは次式で算出できます。

$$定格トルク（T_r）= 9550 \cdot \frac{定格出力[kW]}{定格回転速度[r/min]}[N \cdot m]$$

同期速度

これは三相交流電流によってできる回転磁界の回転速度で、電源の周波数と電動機の極数とによって決まります。無負荷速度に相当します。

次式によって算出できます。

$$\text{同期速度}\ (N_0) = \frac{120 \times \text{周波数}\ (\text{Hz})}{\text{電動機極数}\ (\text{P})}\ [\text{r/min}]$$

すべり（スリップ）

負荷トルクがかかると、同期速度より若干回転速度が下がります。その程度を「すべり」といいます。回転速度が、同期速度に対してどのくらい遅く回転するかということは、誘導電動機の重要な特性の一つです。すべりは、次式によって求められます。

$$\text{スリップ}\ (S) = \frac{N_0 - N_r}{N_0} \times 100\ [\%]$$

始動電流

三相誘導電動機の始動電流は、全負荷電流（定格電流）の約7倍の電流が流れます。したがって頻繁な始動、停止を行うと、電動機が温度上昇しますので注意が必要です。

全負荷電流（定格電流）

定格トルクのときの電流です。求め方は、第2章「2.4 三相交流電動機回路の計算の実際」（29ページ）を参照してください。

効率

電動機に供給される電力（入力）のすべてが、出力である機械エネルギーに変換されるわけでなく、一部が熱や音などの損失に変わります。

効率の求め方は、第2章「2.4 三相交流電動機回路の計算の実際」（29ページ）を参照してください。

4.3 可変速電動機

可変速電動機にはいろいろな原理のものがありますが、電動機単独で変速することは不可能で、図4.42に示すようにいずれも**専用の制御装置と組み合わせて可変速電動機を構成**しています。

図に示すこの形は、制御装置の原理や方式に係わらずすべてに共通な形です。

図に示すように、上位装置または外部装置の回路で速度指令用信号電圧e_iを作り、これを入力電圧（例えばDC10V）とし、制御装置はこれを受けてそれぞれの出力である電動機の回転速度n_oを制御します。

速度指令電圧e_iと出力である回転速度n_oがフィードバック（n_oに比例したフィードバック電圧）によって正確に比例するようになっています。

速度指令電圧は微弱なDC電圧であり、これを受ける制御装置側でこのための電源回路や速度設定用のポテンショメータを設けてある場合もあります。

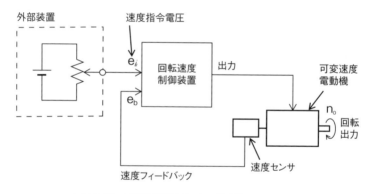

▲図4.42　専用制御装置による電動機の速度制御系

速度指令用電圧を作る回路としては、図4.43 (a) に示すように1個のポテンショメータ（可変抵抗器）で、速度0から最高速度までの全域の速度を設定する方法と、同図 (b) に示すように、いくつかのポテンショメータを用いて必要な設定速度すべてをあらかじめ設定しておき、これを外部指令（リレー接点など）により選択して用いる方法とあります。

制御装置には、さらに過負荷や速度異常などの異常状態に陥ったときの保護や警報のための送受信回路や表示手段が設けてあり、上位システムであるシーケンス制御回路とのインターフェースも充実していて、システム全体の安全のための考慮が施されていることもいうまでもないことです。

産業用として現在実用化されている可変速電動機には下記の種類があります。

(1) 三相誘導電動機＋インバータ
(2) DCモータ＋ブラッシュレスコントローラ
(3) サーボモータ＋サーボコントローラ

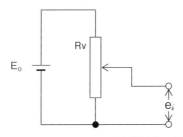

(a) ポテンショメータによる速度設定

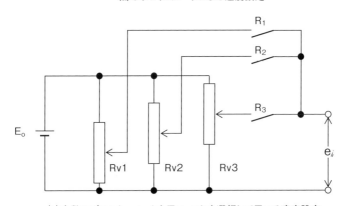

(b) 多数のポテンショメータを用い、これを選択して用いる速度設定

▲図4.43　速度司令電圧のつくり方

● (1) 三相誘導電動機＋インバータ

インバータは三相誘導電動機の回転速度制御のための「可変周波数発生装置」ともいうべき専用の制御装置であります。

電動機としての優れた特徴をすべて備えた三相誘導電動機の唯一の欠点は、変速ができないことでしたが、インバータの出現によって怖いもの知らずの位置を確実にした感があり、急速に普及し今日に至っています。

インバータ (Inverter) は、逆変換装置を意味する言葉です。

商用電源はACであり、ACからDCを作ることは簡単であり、古くから利用されていて、この変換が正変換（コンバートConvert）とされてきましたので、ACからDCを作る変換は逆変換インバート（Invert）するということから「インバータ」と呼ばれるようになったのです。

図4.44から分かるように、一旦AC（三相交流）をDCにコンバートし、このDCをPWM (Pulse Width Modulation) 技術などにより、ACにインバートしています。

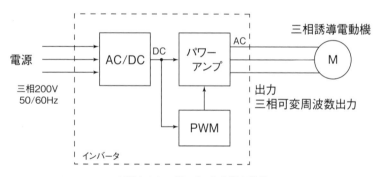

▲図4.44　インバータの基本構成

(1) インバータの原理

少し専門的になりますが、インバータの原理を説明しましょう。

図4.45はインバータの主回路です。

第4章 シーケンス制御に使われる電気器具

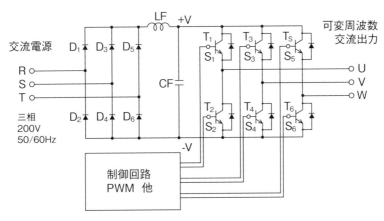

▲図4.45 インバータ回路

　左側の電源端子R、S、Tには交流電源（3相、200V、50Hz）が供給されていて、6個のダイオード（D_1〜D_6）によって全波整流され、直流に変換されます。

　さらに、リアクトル（LF）とコンデンサ（CF）とによって平滑されて、安定した直流に改良されます。

　出力回路は、6個のパワートランジスタ（T_1〜T_6）により構成されています。

　この6個のパワートランジスタをPWMの6個の出力信号（S_1〜S_6）によって制御して、出力端子U、V、Wに交流を出力するのです。

　さて、どのように制御するのでしょうか。

　今、PWMから、S_1とS_4に信号が出力されている瞬間を考えます。

　この瞬間は、パワートランジスタT_1とT_4が導通状態になり、電流が端子Uから流れ出て負荷を通って端子Vに流れ込み、電源に戻ります。

　S_3とS_6に信号が与えられると今度はT_3とT_6が導通状態になり、端子Vから負荷を通って端子Wへと電流が流れます。

　このようにパワートランジスタへ与える信号によって、出力端子U、V、Wからの出力電流を制御できます。この出力電流が三相交流電流となるように、PWMから信号が出されているのです。

(2) PWMの原理

　6個のトランジスタから三相交流電流を出力するために、PWMからどのような信号が出されているのでしょうか。

95

まず第一に、この信号は図4.46に示すようにパルス状の信号です。
入力信号がパルスですから、当然出力電流もパルスとなります。

PWMでは、このパルスの周波数と時間的幅（Width）と分配（どのパワートランジスタに与えるか）の三つを制御して、結果的に出力端子から正弦波三相交流電流を出力しているのです。

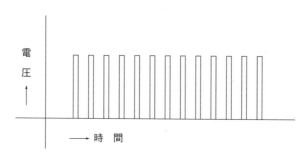

▲図4.46　パルス信号

図4.47は、一定の周波数のパルス列の各パルスの幅を制御することによって、等価的出力値（平均値出力）を制御する、PWMの原理の説明図です。

パルスの幅に比例して、等価的出力値が大きくなることが分かります。

インバータのPWMは、この等価的出力値である電流が正弦波形となるように、内部で必要な幅の出力パルスをつくり、6個のトランジスタに分配し、三相交流電流を作っています。

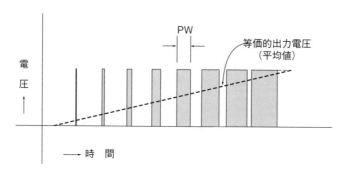

▲図4.47　PWMの原理図

図4.48は、三相誘導電動機に流れるインバータの出力電流（1相分）の波形です。

PWMの出力パルスは、商用周波数より十分高い一定の周波数（kHzクラス）で、これを**キャリア周波数**といいます。

図4.48の正弦波形に、細かいギザギザの波（脈流）がのっているのは、このキャリア周波数の影響です。

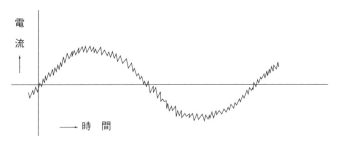

▲図4.48　インバータの出力電流

(3) インバータの特徴

インバータは制御盤もしくは制御パネルの形でまとめられていますが、内部制御は主としてコンピュータ（マイクロプロセッサ）とパワートランジスタにより構成され、変速制御が円滑かつ容易に行われるのみでなく、各種保護機能やモニタ機能も充実しています。

そして、もちろん速度フィードバックにより回転速度制御の高精度化や高応答性の実現が可能です。

インバータを利用する場合、注意しなければならないことが二つあります。

その第一はノイズです。

モータに供給する電流は、高周波で作られている電流であり、一種のノイズ源となっていて、近接する他の制御装置を誤動作させたり、ラジオやテレビに障害を与えたりして問題になる場合があります。

取り扱い説明書にしたがって、十分な対策をする必要があります。

第二はトルクです。

三相誘導電動機の原理に基づくことですが、汎用三相誘導電動機の場合、**回転速度の低速域（約30％以下）でトルクが低下して運転が続行できない**ことがあり、極端な場合始動できないというような笑えない悲劇に陥ります。

写真4.2にインバータの概観図、図4.49に外部への接続図関係図を示します。

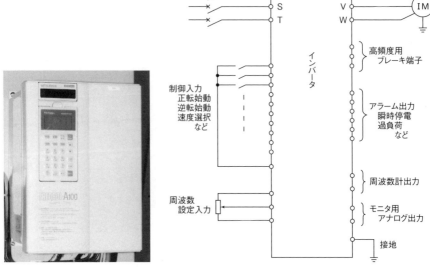

▲写真4.2　インバータの外観図　　　▲図4.49　インバータの接続図

　特に基定速度（商用周波数における回転速度）の30％以下になると、トルクが急激に下がりますので、始動できないという笑えない悲劇に陥ります。
　図4.50（a）は、一般的なモータとインバータとの組み合わせの場合の、トルク－速度特性図です。低速域におけるトルクが重要な場合には、「定トルク電動機」(低速でもトルクが下がらない特殊電動機)の使用を検討してください。

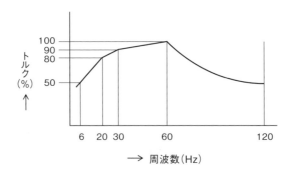

▲図4.50（a）　インバータ制御による汎用モータの出力トルク特性

同図 (b) は、インバータ専用の三相誘導電動機として特別に製作された「定トルク電動機」のトルク－速度特性で、低速域においても100%のトルクが得られます。

低速域におけるトルクの値が重要な用途の場合、この定トルク電動機を利用することが可能です。

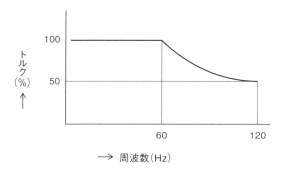

▲図4.50 (b)　インバータ専用電動機のトルク特性

● (2) ブラシュレスDCモータ

かつて可変速電動機の代表的な電動機として直流電動機があり、可変速電動機として重要な優れた特性を有することから高級な用途に欠かすことのできない電動機でしたが、構造複雑のため高価であり、整流のためのブラシを有するためメインテナンスが不可欠などの不利があり、インバータの出現により市場から消えました。

この直流電動機の最大の欠陥であった整流方式を機械的なブラシから半導体回路を応用した無接触整流方式を採用して改良した直流電動機が「ブラシュレスDCモータ」です。

図4.51に示すように**界磁磁石（永久磁石）を回転子にし、3組の電機子巻き線を固定子側に配置した**もので、おもちゃ用の小型モータの界磁と電機子を置き換えた形の構造のモータです。

図4.52はコントローラと組み合わせた制御系統図です。

回転子の角度をセンサ（ロータリエンコーダ）で検出し、その信号で電機子コイルへの電流を制御する6個のトランジスタからなる駆動回路を制御し、回転子の回転を制御するように構成されています。

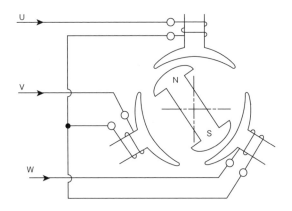

▲図4.51　ブラッシュレスDCモータの原理構造図

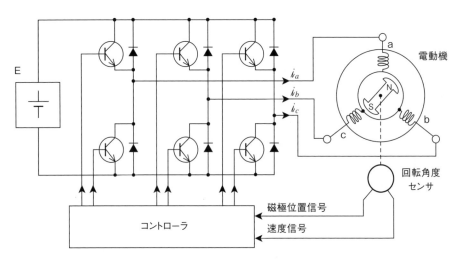

▲図4.52　ブラッシュレスDCモータの原理図

図4.53は、3個の電機子への角型三相波形ともいえる電流の波形を示します。直流電動機としての優れた制御特性を生かした用途であるアクチュエータとして活用されています。

　界磁磁力一定の直流電動機ですから変速範囲全域トルク一定制御です。

　回転速度を変化したときのトルクと出力の特性は、次節に示すサーボモータの特性と同一ですので参照してください。

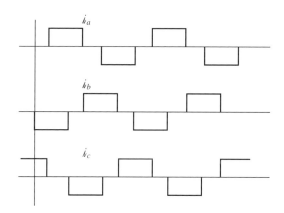

▲図4.53　ブラッシュレスDCモータの電機子電流

● (3) サーボモータ

　機械的位置を制御するための制御装置としてサーボ機構があり、このサーボ機構においてアクチュエータとして用いられるモータがサーボモータです。

　サーボモータには直流式や交流式などいろいろな原理のものがあり、さらに交流式には誘導電動機形と同期電動機形とあります。

　位置を高精度に制御するためには、指令に対して回転速度の応答性がよいことが必要であり、そのためにモータ自身の慣性モーメントが小さいことが必要です。

　つまり、慣性モーメントを小さくするためのさまざまな工夫がなされたモータがサーボモータであり、図4.54に示すモータはそのための手段としてロータをカップ形にしたカップモータと呼ばれているタイプのサーボモータの例です。

サーボモータは本来の用途であるアクチュエータとしてのみではなく、速度の可変速範囲が広く、また速度の設定精度も高い特長を生かした用途にも用いられています。
　サーボモータはいずれのタイプも、回転速度の可変速範囲全域においてトルク一定制御となっています。
　図4.55に、回転速度を変化した場合のトルクと出力の特性を示します。

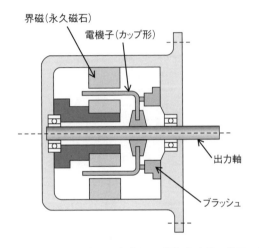

▲図4.54　電機子（ロータ）をカップ形にしたサーボモータ

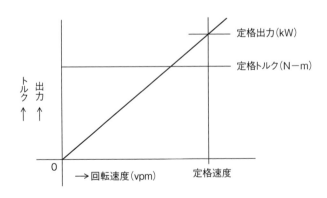

▲図4.55　トルク一定制御の特性

第**4**章 シーケンス制御に使われる電気器具

4.4 可変速電動機の活用法の基礎

● (1) 仕様の理解

　可変速電動機は、機械や装置の自動化や無人化のためのツールとして欠くことのできない要素であり、これをよく理解し活用することによって操作性の向上や高性能化を容易に達成することができます。

　可変速電動機は優れた電動機ですが、これを生かして効果を上げるためには目的に応じた最適な選定が必要であり、使用するに当たって特に回転速度の変化に伴うトルクの大きさと出力（パワーW）の大きさの変化に注意が必要です。

　電動機は電気エネルギーから機械的エネルギーへの変換器であり、電動機への入力電力P_i(W)と電動機の出力P_0(W)は、損失などの若干の省略をするとそれぞれ次式のとおりに求められます。

$$P_i = V_i \cdot I_i \cdot\cdot\cdot\cdot\cdot\cdot\cdot\cdot\cdot\cdot\cdot\cdot\cdot\cdot (1)$$
$$P_0 = n_0 \cdot T_0 \cdot\cdot\cdot\cdot\cdot\cdot\cdot\cdot\cdot\cdot\cdot\cdot (2)$$

ここに V_i：電源電圧
I_i：入力電流
n_0：電動機の回転速度
T_0：電動機のトルク

　P_iとP_0との間にはもちろん次の関係があります。

$$P_i = P_0$$

　そして、さらに大胆な省略の上に巨視的に見ると、電圧と回転速度が比例し、電流とトルクが比例していて次式が成立します。

$$V_i \propto n_0 \cdot\cdot\cdot\cdot\cdot\cdot\cdot\cdot\cdot\cdot\cdot\cdot\cdot (3)$$
$$I_i \propto T_0 \cdot\cdot\cdot\cdot\cdot\cdot\cdot\cdot\cdot\cdot\cdot\cdot\cdot (4)$$

　電流とトルクの関係はほぼ問題はなく、電圧と回転速度の関係については電源がDCの場合はほぼ問題ないことですが、ACの場合は若干の考慮を付加して考える必要があり、特に三相誘導電動機の回転速度は原理的に電源周波数に比例していますの

103

で当てはまりません。

さて、**回転速度を変化させるとトルクと出力の大きさが変化します**。
この変化の関係を表すグラフが図4.56に示す「**トルクー出力特性**」です。

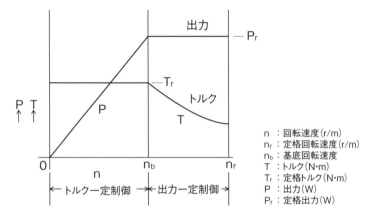

▲図4.56　可変速度電動機のトルクー出力特性

　低速域では「**トルク一定制御**」、そして高速域では「**出力一定制御**」となっていて、この両者が回転速度n_bのところでつながっています。
　この特性曲線におけるトルク一定制御域と出力一定制御域とを結ぶ接続点の速度n_bを特に「**基底速度**」といいます。
　これは、この速度が「電動機の寸法上の大きさに係わる基準となる速度」であることを意味しています。
　インバータの場合は回転速度（横軸）が周波数であり、このことからこの周波数を「**基底周波数**」と呼んでいます。
　この特性図は可変速電動機の仕様を見る場合、真っ先に見る特性図であり、インバータの項のトルクー速度特性の解説の中にも登場しています。
　このトルクー速度特性には、もう一つのタイプがあります。
　それは図4.57に示すような、アクチュエータなどの比較的小容量の電動機に採用されている**変速範囲全域においてトルク一定制御**となっているタイプの特性です。

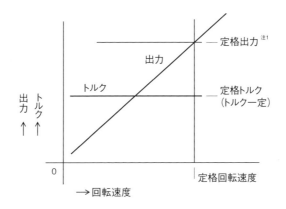

▲図4.57　定トルク制御の電動機の特性

　これらの図を見るとき注意しなければならないことは、トルク一定制御も出力一定制御も、ともに一定に制御されるということではなく、その速度域において「**ある一定の大きさの値に制限される**」という電動機使用上の制限の大きさを意味する言葉なのです。

　つまり、この一定の値を超えて連続して運転することはできないということを表しているのであって、勘違いしないよう注意が必要です。

(2) 回転速度の変化によるトルクと出力

　可変速電動機の回転速度を変化させると、その電動機の出力とトルクの大きさ、つまり、**連続して使用できる出力とトルクの上限値が変化**します。

　その変化の様子はトルク一定制御の場合と出力一定制御の場合と異なります。

　図4.56のグラフにおいて、まずトルク一定制御の速度域では、トルクは大きさT_rの一定の曲線であり、出力は電動機の回転速度nとトルクT_rとの積$P = nT_r$の値の曲線ですからnと比例する曲線となっています。

　したがって、その速度域内では、例えば**速度を1/2に下げると電動機の出力は速度に比例して1/2に下がって**しまいます。

　次に、出力一定制御の場合の電動機の回転速度と電動機のトルクの関係です。

注1　定格（Rating）
　　　定格とは、その機器の製造者によって保障された使用限度値であり、一般に、「機器を適正に運転、または動作させるための条件」と定義されています。

図4.56のグラフにおいて、出力一定制御域では出力の大きさは定格出力P_rで一定であり、この変速範囲における電動機のトルクTは$T = P_r/n$であり、出力P_iは一定ですから回転速度nを上げていくとトルクは、図に示すように1/nに比例した曲線にしたがって小さくなっていきます。

回転速度nを2倍にするとトルクは1/2になってしまうということです。

トルク一定制御の場合も、そして出力一定制御の場合もともにうっかりしやすい問題であり、注意が肝要です。

(3) 電動機容量の算定法

電動機の容量を選定する場合、まず負荷である機械の動力並びにトルクの大きさを知らなければなりません。

ここでは、その算定法の原理を学びます。

図4.58（a）は、その方法を考えるための電動機の負荷となる機械のスケルトンです。

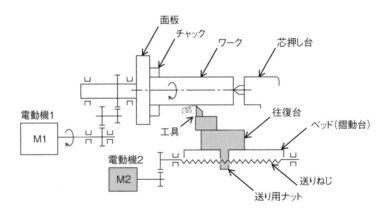

▲図4.58（a） 電動機による機械の駆動

この機械は、工作機械の旋盤をイメージしていることはいうまでもないことです。

M1はワークを回転させる主電動機、M2は工具台を載せた往復台を左右方向に走行させるための送り用電動機です。

ここではこの図の中の、M2の容量の大きさの算定法を考えます。

この往復台を電動機M2で走行させる装置において、往復台の速度をV（m/s）、そのときの力をF（N　ニュートン）とすると、このときの仕事率P_w（W）は

$$P_w = F \cdot V \; (W) \cdots\cdots\cdots\cdots\cdots (5)$$

このときの電動機の出力 P_m は

$$P_m = 2\pi nT \cdots\cdots\cdots\cdots\cdots\cdots (6)$$

ここに　n：電動機の回転速度（r/s）
　　　　T：電動機のトルク（N・m）

　電動機が往復台を押すための力の大きさFには、往復台を単に一定の速度（例えば工具をワークに急速接近させるための速度）で走行させる場合の大きさと、切削のために走行（切削力が加わる走行）させる場合の大きさがあり、そしてさらに、駆動ギア系に発生する摩擦力（駆動部の損失）による力が加わる大きさであり、その算出には豊富な経験によるノウハウが必要です。

　一般にこのVとFの値は、機械系のスタッフによって与えられる数値であることはいうまでもありません。

　図4.58（b）は、これらの力関係を分かりやすく整理し、単純化した説明図です。

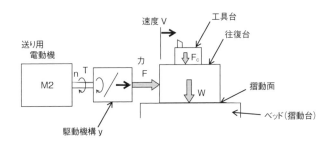

▲図4.58（b）　往復台送り機構にかかる力関係

　同図において、**nからVへの変換、並びにTからFへの変換はともに変速ギアと送りねじによって行われ、n∝Vであり、T∝Fである**ことはいうまでもないことです。

さて、同図において次式が成立します。

$$P_m = P_w \cdots\cdots\cdots\cdots\cdots\cdots (7)$$
$$2\pi nT = F \cdot V \cdots\cdots\cdots\cdots\cdots (8)$$

さて、(8) 式において、変数FとVはその機械の目的とする働きと構造から決まる数値ですから、この数値によってこれを駆動する電動機の容量、つまり往復台の送り駆動用動力 P_m (W) が算出されます。

ここで、さらに電動機に求められる回転速度nが決まると、次式により電動機に必要なトルクの大きさ T_m が算出できます。

$$T_m = \frac{V \cdot F}{2\pi n} \ (\text{N·m}) \cdot\cdot\cdot\cdot\cdot\cdot\cdot\cdot\cdot\cdot\cdot\cdot\cdot (9)$$

ここに　n：電動機の回転速度 (r/s)

ここで重要なことは、可変速電動機が駆動する負荷トルクは機械の働きや使用法によって変化しますので、使用する変速範囲の全域にわたって対応できるトルクの大きさが求められることです。

その様子は、例えば図4.58 (a) に示したように、単に**工具をワークに接近させるための「早送り」**と称する速度で走行させるときのトルクと、**切削という仕事をする低速域**におけるトルクとあることであり、その両方をカバーする大きさのトルクを出力する電動機である必要があります。

これらのことから、使用する電動機は図4.57に示した可変速度域全域がトルク一定制御である可変速電動機を使用することが適当であることが分かります。

したがって、図4.57に示した速度－トルク特性に基づき電動機の回転速度nを決定することになります。

図4.58 (a) において往復台の送り速度**Vの最大値が早送り速度であり、その速度が12 (m/min) = 0.2 (m/s)、このときの電動機の回転速度nは、その定格最大値である3000 (r/min) = 50 (r/s) を用います。**

そして、**この機械の仕事である切削のための工具台を乗せた往復台の送り速度Vは0.15～3(m/min) = 0.0025～0.05 (m/s) となっています。**

電動機の回転とトルクは、図4.58 (b) に示したように、送りねじとナットとを組み合わせた機構により往復台を直線方向への速度Vと押す力Fとに変換されます。

このFには、往復台を単独で走行させるための力 F_0 と、切削のための力 F_c とあり、早送り時には F_0 のみであり、切削時には F_0 と F_c の合計の大きさになります。

F_0 および F_c の値は、それぞれ別途専門のスタッフにより算定され次のように与えられています。

第**4**章　シーケンス制御に使われる電気器具

$$F_0 = 400 \ (kg) \times 9.8 = 3920 \ (N)$$
$$F_c = 300 \ (kg) \times 9.8 = 2940 \ (N)$$

以上述べたこの機械の諸元を整理すると表4.12、表4.13のようになります。

	機能	早送り（V_o）	切削送り（V_c）
送り速度	m/min	12	0.15〜3
	m/s	0.2	0.0025〜0.05
電動機回転速度	r/min	3,000	37.5〜750
	r/s	50	0.625〜12.5

▲表4.12　電動機回転速度と送り速度

力	荷重（kg）	計算値（N）
F_0（N）	400	400×9.8＝3920
F_c（N）	300	300×9.8＝2940

▲表4.13　往復台を駆動する力

まず、往復台を早送り速度12（m/min）＝0.2（r/s）で走行させるための仕事率P_0（W）を求めます。

$$P_0 = F_0 \times V_0 = 3920 \times 0.2 = 784 \, (W)$$

$P_0 = 784$（W）が得られましたので、ここで一旦この結果をベースにして使用する電動機の容量を**仮選定**し、とりあえず市販標準定格の1（kW）、3000（r/min）の電動機と決定しておきます。

> 注：単に往復台を走行させるための力F_0は、主として往復台と機械摺動部との間に発生する摩擦抵抗によるもので、走行速度によって変化します。
> ここでは一定とみなして計算します。
> また、切削時には切削のための力F_cが加わって大きく変化します。

109

選定した電動機1（kW）の定格トルクT_rは

$$T_r = \frac{P_r}{2\pi n}$$

$$= \frac{1000}{2 \times 3.14 \times 50} \fallingdotseq 3.2 \text{ (N-m)}$$

次に、早送りのとき電動機にかかる実負荷トルクT_Wを求めます。

計算式は電動機の場合と同じですからP_0に784（W）の値を代入して

$$T_W = \frac{P_0}{2\pi n}$$

$$= \frac{784}{2 \times 3.14 \times 50} \fallingdotseq 2.5 \text{ (N-m)}$$

として求められ、**$T_W < T_r$**となり、この段階では問題ないことが確認されました。

次に、この機械の主たる仕事である切削のとき、電動機が駆動すべき負荷トルクの大きさを算出します。

切削時に機械を駆動する力F_Wは、往復台を単独に動かすために必要な力3920（N）と切削に必要な力2940（N）との合計の値となります。

したがって切削時に、往復台を動かす力F_Wは

$$F_W = 3920 + 2940 = 6860 \text{ (N-m)}$$

さらに、切削時の往復台の送り速度域は$V_c = 0.15 \sim 3$（m/min）$= 0.0025 \sim 0.05$（m/s）ですから、この切削速度の最大値0.05（m/s）を用いたとしてそのとき電動機に必要となる仕事率P_W（W）は

$$P_W = F_W \cdot V_c$$

$$= 6860 \times 0.05 = 343 \text{ (W)}$$

次に、このときの電動機の出力とトルクを算出します。

切削のための送り用電動機の回転速度n_cは、

$$n_c = 50 \times \frac{3}{12} = 12.5 \text{ (r/s)}$$

そして、P_Wとn_cとより切削時に必要な電動機のトルクT_Wが求められます。

$$T_W = \frac{P_W}{2\pi n_c}$$

$$= \frac{343}{2 \times 3.14 \times 12.5} = 4.37 \text{ (N-m)}$$

仮選定した電動機は1000（W）、回転速度50（r/s）、そのトルクは3.2（N-m）ですから、これでは切削時の負荷を駆動することは不可能です。

仮選定したこの電動機は容量不足であることが分かりましたので新たな選定が必要です。

そこで、切削時に必要なトルクをカバーする電動機の容量を求めます。

再選定をする電動機に求められるトルクT_Wは4.37（N-m）、そして定格回転速度n_rは3000（r/m）＝50（r/s）ですからその容量P_W（W）は、

$$P_W = 2\pi n T_W$$

$$= 2 \times 3.14 \times 50 \times 4.37 = 1372.2 \text{ (W)}$$

として求められ、最適容量の電動機として1段上位の1.5（kW）、3000（r/min）を使用することに決定しました。

ここで、切削という仕事をするときの所要動力が343（W）であるのに、1.5（kW）の電動機を使うという結論に、にわかに納得がいかないという人も少なくないと思われます。

これは、**出力が回転速度と比例する**という**トルク一定制御**の電動機を使ったがための止むを得ない理由であったということになります。

したがって、例えば減速比1/2のギアと電磁クラッチとを用いて、切削のときこれを切り替えて、必要とするの電動機の回転速度が2倍となるような方法を採れば1段下の1（kW）の電動機で十分ということになります。

どちらを採るかは、電動機の容量を小さくするコストとギア＆クラッチを設けるためのコストの比較、さらに操作性の比較などにより選択することになります。

さて、長々と計算式が続いてしまいましたが、**自動化を志すエンジニアの皆さんにとって基本となる重要な理論式**であり、是非習熟していただきたいと思います。

この計算作業の中で、高度に難しいのは往復台を押す力の算出です。

切削力が作用する大きさの算定、そして往復台の摺動部の摩擦が係わる力の算定であり、永年の経験やノウハウがによる作業であり、適切な数値を算出することがこの

機械のコストパフォーマンスに直接影響する重要な作業となります。

　ここに述べた計算理論は決して難しいものではありませんので、**データの単位に注意して読んでいただければ容易に理解**できるものと思います。

　計算に用いた単位は日常多く使用するデータの単位の力 kg を N（ニュートン）に、トルク kg-m を N-m に、また速度 m/min を m/s に、さらに回転速度 n/min を n/s に変換するなどしていまして読みにくかったと思われますが、その点に注意しながら読んでいただきたいと思います。

4.5　電磁クラッチ

　電磁クラッチは、電磁石の力で円板状の摩擦板と摩擦板とを押し付け合って、その摩擦力で機械的動力（回転）を伝達する駆動機器です。

　コイルに流す電流を制御することにより、小形で比較的大きな機械的動力の伝達・しゃ断を制御でき、応答性もよいという特長があります。

　また、速度変換、可逆運転、寸動などの遠隔操作が容易で、さらに保守点検が簡単といったことから、機械の駆動制御に多く使用されています。

● (1) 電磁クラッチの動作

　図4.59（a）に電磁クラッチの原理図を示します。

　左側の図は、解放状態、右側は動作状態を表しています。

　図において、外側摩擦板はうすい歯車になっていて、マグネットボディとともに駆動軸に連結されて回転しています。

　内側摩擦板もやはりうすいインターナルギアになっていて、従動側歯車に連結されています。

　この外側と内側の摩擦板は交互に重ねられていて、適当な給油状態の中で空転しています。

　コイルに通電（DC24V）すると、図4.59（a）の右図に示すような磁束経路の磁力線によって、両方の摩擦板が押し付けられて相互間に強い摩擦力が発生し、トルクを発生して駆動軸と従動歯車は連結します。

　コイルの電流を切ると、各摩擦板自身の持つバネ作用によって、摩擦板同志が離れてトルクは消滅します。

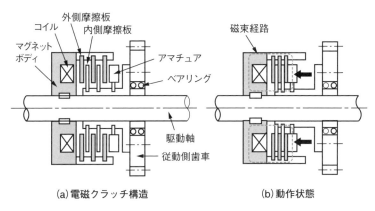

(a)電磁クラッチ構造　　　　(b)動作状態

▲図4.59（a）　電磁クラッチの原理構造

(2) 電磁ブレーキ

　電磁ブレーキも原理的には、電磁クラッチとまったく同一です。図4.59（b）は電磁ブレーキの原理構造図です。片側の摩擦板がギアボックスなどのフレームに固定されていて、コイルが励磁されたときの摩擦力が制動トルクになります。励磁電流を加減することによって制動トルクも加減できます。

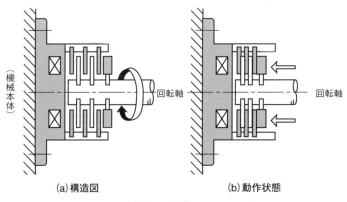

(a)構造図　　　　(b)動作状態

▲図4.59（b）　電磁ブレーキの原理構造

● (3) オフブレーキ

前節の電磁ブレーキは、電磁コイルに電流を流したときブレーキトルクが働く「オンブレーキ」です。これに対してもう一つのタイプのブレーキに、図4.60に示す「オフブレーキ」があります。

図4.60 (a) は電磁コイルへの電流はオフで、ブレーキディスクがスプリングの力で押し付けられ制動力が働いている状態を表しています。

駆動するときは、同図 (b) に示すように、電磁コイルに電流を流してアマチュアを吸着し、ブレーキディスクを開放してブレーキトルクを0とする方式のブレーキです。**電流オフで制動トルクが動くので、停電時にも安全であり、エレベータやクレーンなどのように、上下方向への搬送手段の非常ブレーキとして、安全上なくてはならない重要な制動方式のブレーキです。**

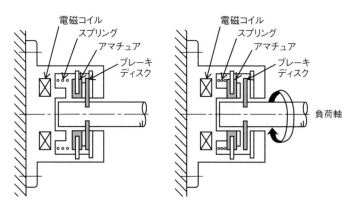

(a) スプリングの力でブレーキディスクが押し付けられ制動中　(b) 電磁力によりブレーキディスクが開放され負荷軸が回転中

▲図4.60　オフブレーキの原理構造

表4.14に電磁クラッチと電磁ブレーキの使用法を図示しました。

第**4**章 シーケンス制御に使われる電気器具

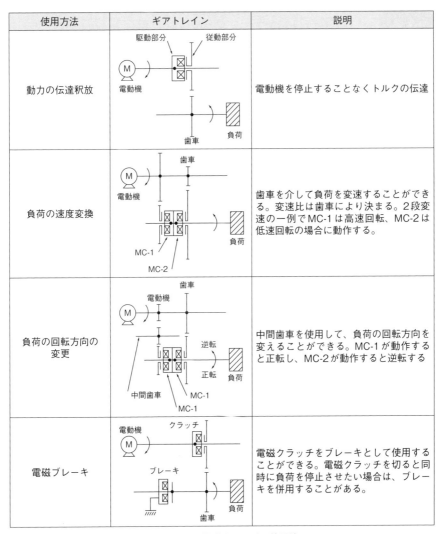

▲表4.14 電磁クラッチの使用法

4.6 ソレノイドバルブ

ソレノイドバルブは、ソレノイド（電磁石）とバルブ（切り替え弁）とを組み合わせた油空圧シリンダを制御する制御弁（駆動制御要素）です。

図4.61は、1個のソレノイドで切り替え弁のスプールの位置を制御する「片ソレ」と呼ばれている「**2位置4ポート形**」のソレノイドバルブの原理図です。

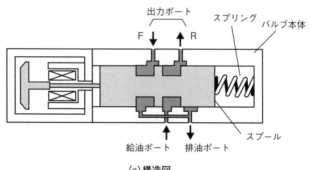

(a) 構造図

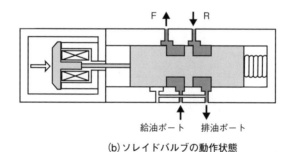

(b) ソレイドバルブの動作状態

▲図4.61　ソレノイドバルブの原理説明図

2位置とは、バルブスプールが制御される位置の数を意味し、4ポートとは、電磁弁に設けられた油空圧の入出力のポートの数を意味しています。

図4.61 (a) において、今ソレノイドはオフの状態で、バルブスプールはスプリングの力で左側に寄せられていて、給油ポートからの油空圧は出力ポートRから流出し、シリンダを経てFポートに戻るようになっています。

第4章 シーケンス制御に使われる電気器具

ソレノイドを励磁すると図4.61 (b) に示すように、バルブスプールは電磁石の力で右側に寄せられて、入出力ポートからの油空圧の流出の方向が逆になります。

図4.62はソレノイドバルブを油空圧の分野で用いられるシンボルで表した動作説明図ですが、この図によりソレノイドバルブのオンオフと制御されるシリンダのピストンの位置との関係が分かります。

図4.62 (a) は片ソレによる動作説明図です。

この方式ではピストンの停止位置は前進端か後進端のどちらかのみで、中間の位置に停止させることはできません。**停電の場合には自動的に後進端に戻ります。**

図4.62 (b) は2個のソレノイドを有する「**両ソレ**」と呼ばれている「**3位置4ポート形**」ソレノイドバルブによるシリンダピストンの動作説明図です。

この方式では、どちらのソレノイドも励磁されていない状態では、左右のスプリングの力でバルブスプールは中間の位置に静止することができ、油空圧は入出力ポートのどちらからも流れ出ることはできません。

バルブスプールを左右の位置に加えて、この停止のための中間の位置にも置くことができることから「**3位置**」と呼ばれていますが、結果として**ピストンをシリンダストロークの任意の位置に停止させることができます。**

この二つのタイプのどちらを採るかは操作性や安全性に係わる重大な意味を持つ選択であり、慎重な検討が必要です。

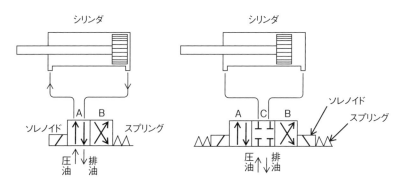

(a) 片ソレによるシリンダの制御　　(b) 両ソレによるシリンダの制御

▲図4.62　ソレノイドバルブによるシリンダの制御

4 5 その他の器具

前節まで、シーケンス制御システムを構成する制御器具、並びに制御機器について主要なものを取り上げて説明しました。

これらの器具や機器のほかに、直接制御動作に係わらず、地味な存在ながら、制御動作の安定化や誤動作防止、あるいは安全を守るために重要な役割を果たしているものがあります。

本節ではこれらについて簡単に紹介します。

5.1 その他の器具概説

過電流しゃ断器

配電幹線から分岐して電力の供給を受ける負荷装置としてのシーケンス制御装置は、電路の過負荷や短絡保護を目的とした、過電流しゃ断器を設けなければなりません。

過電流しゃ断器には、ヒューズと配線用しゃ断器とがあり、最近では多くの利点を持った配線用しゃ断器が主として用いられています。

変圧器

シーケンス制御装置で使われる変圧器は、少容量（50VA～500VA）の単相絶縁変圧器です。

生産現場で供給される電源は一般的にAC200Vが多く、この電圧から必要な制御回路電圧に変換します。

感電防止や外来ノイズからの影響を受けないように、一次巻線と二次巻線がセパレイトされている絶縁変圧器が用いられます。

安定化電源ユニット

供給される電源電圧の変動や、負荷変動があっても、出力電圧を一定に保つ目的の電源ユニットで、AVR（Automatic Voltage Regulator）とも呼ばれています。

制御回路専用の直流安定化電源ユニットとして、スイッチングレギュレータがあり

118

ます。これは、PWMの原理を応用した電子回路で構成された少容量AVRです。

盤用冷却ユニット

制御器具はわずかながら発熱します。インバータなどの動力制御装置では、その容量の約10%は熱となって制御盤内部を高温にします。

制御器具や装置は、一定の周囲温度（一般に55℃）以下で使用することを仕様としています。そのため盤内の温度が一定の温度以上に上昇しないように、専用の冷却ユニットが用いられます。

冷却ユニットには、積極的に冷却するクーラー形と熱交換器形（ヒートパイプ形）とあります。また、小規模な装置で発熱があまり多くない場合には、単にファンとフィルタとにより空気を入れ替えるだけの方式が用いられます。

ノイズフィルタ

最近、デジタル制御機器が多く使われるようになりましたが、残念ながら原理的にノイズによる誤動作の可能性は避けられません。

したがって、外部からノイズの侵入を防止する必要があり、また反対に自己の機器から外部に、ノイズを送り出さないようにしなければなりません。ノイズフィルタはこのような目的で用いられるものです。

ノイズフィルタには、電源線を伝わって出入りするノイズをカットするラインノイズフィルタと、輻射ノイズを抑えるためのラジオノイズフィルタとがあります。

5.2 　過電流しゃ断器

その他の器具の中で、特に重要な過電流しゃ断器を取り上げて説明します。

制御回路が故障し、例えば電動機回路の過負荷継電器が作動しなかったり、あるいは配電線が事故で短絡したりすると、過電流が流れ障害をさらに大きくし、ほかのシステムに甚大な影響を与えます。

このようなことにならないように、過電流を検知して電流をしゃ断するための器具が、過電流しゃ断器です。

過電流しゃ断器には、ヒューズと配線用しゃ断器とがあります。

ヒューズは、鉛やスズなど、熱で溶けやすい金属でできています。事故や過負荷が

発生して、決められた一定の電流より大きい電流が流れると、ヒューズ自身の発生する熱で溶断して、電気回路の安全を守ります。

ヒューズ自体は開閉機構を持たないので、ナイフスイッチ（手動開閉器）などと組み合わせてヒューズスイッチとして用いられます。

配線用しゃ断器は、「開閉機構・引き外し装置などを絶縁物の容器内に一体に組み立てたもので、常規状態の電路を手動または電気操作により開閉することができ、かつ過負荷および短絡などのとき自動的に電路をしゃ断する器具」と定義されます。

ヒューズスイッチと配線用しゃ断器とを比較すると、表4.15のようになります。

No	項目	配線用遮断器	ヒューズスイッチ （ヒューズ＋ナイフスイッチ）
1	安全性	・モールドケースに収納されているので、負荷電流の開閉時にアークが外へ出ない ・接点の開閉速度は操作の強さに関係なく一定	・負荷電流の開閉時にアークが出る ・ナイフスイッチの開閉速度が一定でなく危険な場合がある
2	欠相による単相運転	・一極だけ過電流が流れても全極遮断し、欠相しない	・一極だけヒューズが溶断し欠相して単相運転となり、モータを破損することがある
3	予備品	・予備品が必要ない	・ヒューズの予備品が必要
4	遮断動作後の復旧	・事故原因を除いた後、すぐに再投入できる	・事故原因を除いた後、さらにヒューズ交換の作業が必要
5	遠方操作	・遠方操作など自動制御に必要な要素を付加できる	・遠方操作などの要素を付加できない
6	過電流保護特性	・時延特性と瞬時特性の組み合わせにより負荷に合わせた遮断特性が得られる	・負荷に合わせた遮断特性は得られない

▲表4.15　配電用遮断器とヒューズスイッチの比較

この比較表から分かるように、配線用しゃ断器の方が優れています。そのため、低圧用一般産業用電気設備では、特別な場合を除いて配線用しゃ断器が使われています。

図4.63は配線用しゃ断器の外観図です。

▲図4.63　配線しゃ断器

第**4**章　シーケンス制御に使われる電気器具

● (1) 配線用しゃ断器の種類

配線用しゃ断器には、用途別に分類すると、次のような種類があります。

一般配線用

汎用品として、電灯・電熱回路など広い用途に使用されます。

分電盤用

ビルや工場における動力回路や、電灯回路の分岐用として使用されます。

電動機回路用

電動機の保護特性を組み込んだ配線用しゃ断器で、電動機も配線も保護します。電動機の始動電流で動作することなく、運転中の過負荷や欠相（単相運転）時の過熱焼損を防ぎます。

家庭用

家庭用電気回路を守る引き込み口しゃ断器として使用されます。

漏電しゃ断器

人体に危険な漏電を検知して動作し、感電事故を防ぎます。

短絡も過電流に対しても合わせて保護します。

● (2) 配線用しゃ断器の機能

配線用しゃ断器の重要な機能は、事故発生時などの大電流をしゃ断することです。

過電流を検知してトリップ機構（引き外し機構）を働かせ、接点を瞬時に開くことができます。また手動で開閉ができるように取っ手が付いています。手動開閉のほかに、押しボタンスイッチなどによって、遠隔操作のできるタイプのものもあります。

図4.64は操作の説明図です。

常規状態における操作の取っ手位置は、ONかOFFかどちらかの位置にあります。

異常事態が発生してトリップし、しゃ断した場合には、取っ手の位置はONとOFFの中間位置に置かれますので、容易に見分けることができます。

トリップした場合は、まず事故の原因を取り除き、取っ手をOFFの位置に倒せば

121

リセットすることができます。そして次にONの位置に倒せば再投入できます。

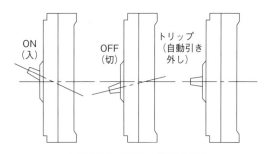

▲図4.64　配線しゃ断器の操作

●(3) 過電流引き外し装置

配線用しゃ断器は、設定されている定格電流より大きな電流が流れると、それを検知し、引き外し機構を働かせてしゃ断します。

引き外し方式には、次の三つの方式があります。

(1) 熱動－電磁形

過電流によってバイメタルが過熱され、わん曲する力を利用した、時延引き外し機構と、大電流が流れた場合電磁石の力を利用した、瞬時引き外し機構との併用式

(2) 完全電磁形

時延引き外し機構も瞬時引き外し機構も、ともに電磁石の力を利用した方式

(3) 電子式

各相に流れる過電流または大電流をCT (Current Transformer) によって検出し、電子回路で構成された時限回路とトリガー回路によって電磁石を励磁し、引き外し機構を働かせてしゃ断させる方式

時延引き外し特性、つまり過電流の大きさと動作時間との関係については、JIS C 8201-2-1/2-2 Ann2（低圧開閉装置及び制御装置）によって、表4.16のように規定されています。

図4.65は、実際の配線用しゃ断器の時延動作特性曲線の例です。

この例では、定格電流が125A～225Aですから、定格電流の125%の電流で2時間以内、200%の電流で8分以内で動作するようになっていて、表4.16の動作時間と一致していることが分かります。

しゃ断器の定格電流（A）	動作時間（分）	
	定格電流の200%の電流	定格電流の125%の電流
30以下	2以内	60以内
30をこえ50以下	4以内	60以内
50をこえ100以下	6以内	120以内
100をこえ225以下	8以内	120以内
225をこえ400以下	10以内	120以内
400をこえ600以下	12以内	120以内
600をこえ800以下	14以内	120以内
800をこえ1000以下	16以内	120以内

▲表4.16　配線しゃ断器の動作時間

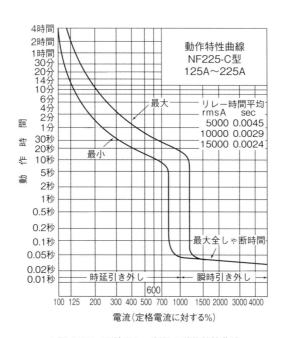

▲図4.65　配線用しゃ断器の動作特性曲線

5

シーケンス制御回路の読み方・書き方

5 1 回路を学ぶ前に

1.1 目で追って読むシーケンス制御回路

シーケンス制御回路は、押しボタンスイッチを押すか、押さないか、リレーが動作
しているか、いないか、あるいは電磁クラッチを励磁するかしないかなどのように、
オンとオフの二つの信号で動作する機器で構成されています。

したがって、第一の入力信号から始まって、最終段階の出力の動作まですべてオン
とオフの二つの動作でつながっていて、回路を読むことはこのオンとオフの二つの関
係のみに着目して目で追って読んでいくことになります。

ここに電気の理論とか難しい数学の知識などは不要で、ちょっとしたいくつかの約
束事がありこれを覚えるだけで制御回路を読むことや書くことができます。

しかしながら、一つ一つの回路は簡単であっても、これを積み重ねることによって
高度な機能を持つ制御回路やシステムを構築することができます。

しかし、制御対象である機械やシステムに関する知識が十分でないと容易ではあり
ません。

**このように考えると制御回路に限っていえばこの作業はむしろ「電気屋」より「機
械屋」の方が適していることが分かります。**

機械屋にシーケンス制御回路設計ができたらこれは理想的です。

この理想を実現することこそ本書の主たるテーマなのです。

1.2 シーケンス制御回路図に表されない約束事

シーケンス制御回路図は、押しボタンスイッチやリレー、リミットスイッチやモー
タなどを、規格化されたシンボルと略号を用いて、操作や動作順序などの制御上の機
能を、理解しやすいように整理して並べた接続図です。最初は、慣れないとちょっと
読みにくいかもしれません。

シンボルですから当然のことですが、各種器具はその配置や機構的関連を省略され
ていますし、動作していない状態で描かれています。

第**5**章　シーケンス制御回路の読み方・書き方

したがって、これを読むためには、**省略されている各種器具の配置や機構的関連を頭に入れておく必要**があります。そして、制御対象である機械の動きを想像しながら、シンボルで書かれている各器具のON-OFF動作を、頭の中で動作させて読んでいくのです。

さて、シーケンス制御回路上で省略されている約束事をまとめると、次のようになります。

(1) 器具、電線などの配置が省略されている

(2) 器具の形状、構造が省略されている

(3) 器具の機械的つながりが省略されている

(4) 制御するエネルギー、電気、油圧、空気圧などが供給されていない

(5) 操作する力が加えられていない状態を表す

また、器具の寿命や精度などの性能上の説明も、特別な場合を除いて記入されていないのが普通で、制御機能を表すことが中心となっています。

1.3　タイムチャートを利用した回路の読み方

いくつかのリレーからなる複雑に入り組んだシーケンス回路で、その制御動作を正しく読むのが難しい場合があります。

そんな場合に利用するのがタイムチャートです。

図5.1 (a) に示すような簡単な回路では、少し慣れると制御動作を簡単に読むことができますし、またこの場合は、同図 (b) のような直角型の線図を用いた略式の書き方のタイムチャートを用いることも可能です。

127

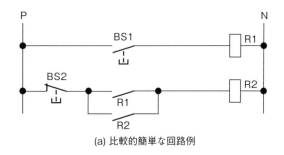

(a) 比較的簡単な回路例

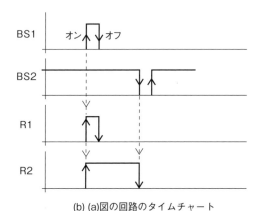

(b) (a)図の回路のタイムチャート

▲図5.1　簡単な回路のタイムチャート

　一方、図5.2 (a) のように、多数のリレーで構成され、各リレーの接点が複雑に入り組んでいる回路の場合、その回路に含まれている動作の因果関係やその意味を正しく読み取ることは容易ではないことがあります。

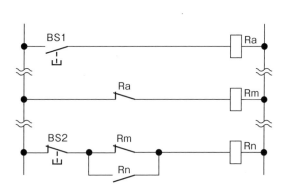

▲図5.2 (a)　やや入り組んだリレー回路例

こんな場合、同図 (b) に示すような台形の線図を用いると、斜線の部分の時間軸を適宜拡大することができ、矢印を付したりして動作の因果関係を明快に表すことができ、容易に正しく読むことができます。

図5.2 (b) のタイムチャートで、器具名に (B) が附記してあるのは、その器具のB接点を使用していることを表しているので注意してください。

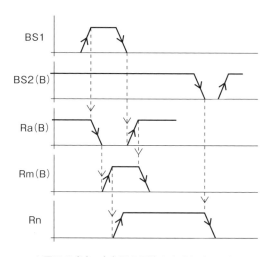

▲図5.2 (b)　(a) 図の回路のタイムチャート

台形のタイムチャート線図が表す機能 (接点の動作) の意味は下記のとおりです。

図5.3において、①の点は接点のオン動作の開始を、②の点はその完了を表し、そして③の点は接点のオフ動作の開始を、④の点はその完了を表しています。

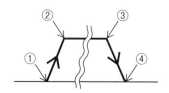

▲図5.3　台形タイムチャート図の読み方

ここで改めて、タイムチャートに従ってこの回路を読んで制御動作を確認してみてください。

1.4　図面の種類

実際に使われる、回路図面はどのくらいの種類があるのでしょうか。生産設備としての機械や装置の自動化、省力化を目的としたシーケンス制御系全体を表す図面としての電気関係図面には、大別すると次の四つがあります。

（1）制御装置設計製作のための図面
（2）電源や機械と制御装置とを結ぶための電気工事図面
（3）運転・調整・保守管理のための図面
（4）その他

これらは、例えば製作図が保守図面を兼ねていたり、工事図面が運転操作のための説明書に利用されたり、といった具合に兼用されています。

このような兼用目的で作られる一般的な電気関係図面は次のとおりです。

a) シーケンス制御回路図

単にシーケンスと呼ばれたり、展開接続図と呼ばれています。機械に取り付けられている電気機器と制御、操作のための各器具との関係や、制御機能を中心に表した図面です。システム構築のための関連作業全般のベースとなる図面です。

b) 操作盤スイッチ配置図

運転・操作の方法や、取り扱い内容を示した図面です。

c) 制御盤内部接続図

制御盤内部の各制御器具の配置と、実際の接続関係を表した図面です。制御盤製作図の一つです。器具の配置は、寸法的にも正確に書かれ、配線の経路や端子番号などがきちんと書かれています。メインテナンスにも使われますが、簡単な装置の場合は、シーケンス図の方を工夫し見やすくし、この図面を省くことがあります。

d) 電気（制御）機器配置図

機械や装置に取り付けられているリミットスイッチや、電動機などの位置を示す図

面で、配線工事やメインテナンスのときに使います。

e) 配線系統図

機械各部に取り付けられているリミットスイッチや電動機などの電気機器と、制御盤とを接続する配線の経路と方法（保護や支持の方法）を示す配線工事用図面です。配線工事のほかにメインテナンスにも使います。

f) 部分図（補足説明図）

センサを働かせるリンク機構の説明図や、特殊な器具や部品を使用した場合など、必要に応じて作成する説明図です。製作図ですが、メインテナンス用としても重要です。

g) 電気部品表

シーケンス制御系全体で使用する電気機器、器具、部品のリストで、製作図として作成します。メインテナンス用としても、また取り扱い説明書用資料としても重要な資料です。

以上の図面は、いずれも見やすく分かりやすくという目的で工夫されています。ただ、各社、各業界にそれぞれの習慣があって、その表現法には若干異なる場合もあります。

すでに第2章で述べたように、電気関係図面は、製作者や作図者のためだけのものではありません。工事する人やメインテナンスする人も利用しますので、何年後でもその設備（機械やシステム）が存在する限り必要な図面です。

そのためは、正しいシンボルを使って、決められたルールに従って書くことが大切です。

シーケンス制御用電気関係図面のために、次のような関連規格があります。

（1）JIS C 0617 電気用図記号

（2）JIS C 1082 電気技術文書

（3）JIS B 6015 工作機械の電気装置

131

5 2 シーケンス制御回路のABC

シーケンス制御の定義や意味については第1章で学びました。シーケンス制御の内容を、さらに細かく分類すると次のようになります。

(1) 順序制御：機械や装置を構成している各機器を、あらかじめ定められた順序で動作を進めていく制御

(2) 条件制御：あらかじめ定められた条件（インターロックなど）が成立すると、各機器を動作させる制御

(3) 時間制御：命令を与えてから、またはある機器の動作終了後、あらかじめ定められた一定の時間後に次の機器を動作させる制御

この三つの制御は、単独で用いられる場合もありますし、また組み合わされて用いられる場合もあります。一般的には、ほとんどの場合が高度に組み合わされて用いられていると考えてよいでしょう。

そして、これらの制御回路を構成している一つ一つの回路や、組み合わせるための回路の一つ一つが、「論理回路」という基本回路なのです。

2.1 論理と論理回路

シーケンス制御回路は、基本的に論理回路から成り立っています。

「論理」とは、機械や装置に与える命令（入力）とその動作（出力）を、ONとOFFとの二つの状態（2値）に対応させたとき、この入力と出力の関係（条件）のことをいいます。そして論理（Logic）でできた回路が、論理回路です。

論理といっても、その一つ一つは、単純で整然としていて、難しいことではないのです。

一つ一つをきちんと理解して覚えれば、言葉や文章による説明を理解するよりも論理回路を読む方が、短時間で正確な理解が得られることが分かります。

基本となる論理回路の一つ一つは簡単ですが、これらを組み合わせることによって、複雑で高度な機能を持つシーケンス制御回路を作ることができます。

第**5**章　シーケンス制御回路の読み方・書き方

したがって、いかにうまく組み合わせるかという技術が、シーケンス制御技術であるといっても過言ではありません。

一般的に、シーケンス回路の設計は、これから説明する基本論理回路を使って、経験的に積み重ねられた手順に従って進めることが多いのですが、論理素子数（開閉素子数）が多くなったり、回路の機能が高度で複雑になると、仮に目的どおりの機能を得られたとしても、合理的な良い設計であるかどうか、判断がつきにくくなります。

したがって大量生産する製品の場合には、素子数を最小にしたり、回路を簡素化したりすることが、経済的にも品質的にも求められていますので、良い設計をすることが重要になります。

この目的でシーケンス制御回路を設計し、検討する手法が**「論理代数」**です。

論理代数は、イギリスの数学者G.Boole（1815-1864）が創始し、提案した数学的解析法です。創始者の名前をとって「ブール代数（Boolean Algebra）」と呼ばれています。

論理代数は、ONとOFFの二つの状態を、1と0の二つの値に対応させた、いわゆる2値論理により、回路や論理の内容を数式で表現する手法です。

この手法によると、回路の機能や演算処理内容を明確にすることができるので、実際の電気回路の知識のない人にも、与えられた命題に基づいて論理設計を展開したりチェックすることができます。

論理代数を応用した回路設計には、次のような利点があります。

（1）共通言語として明快な表現と理解が得られる

（2）設計の誤りを発見しやすい

（3）論理式の簡略化により、回路素子の最小化設計ができる

しかし、論理代数はシーケンス設計の手法として万能ではありません。例えば、微妙なタイミングを含む回路などは扱いにくく、経験的手法による方がよい場合が少なくありません。

注：論理代数（ブール代数）は、4個の公理とその公理を展開した形の9個の定理とからなるもので、これらを適宜に利用することによって、複雑な回路や、ちょっと見た目では無駄な素子が存在するとはとても思えないような回路における無駄な素子を見つけることができ、素子数最小の合理的回路を容易に作ることができます。
この手法について、拙著「すっきりなっとく 電気と制御の理論」（技術評論社、2014年）にやさしく解説してありますのでご一読をお勧めいたします。

133

2.2 論理素子

シーケンス制御回路における論理（Logic）とは、ONかOFFかという相反する二つの状態を持つ素子（開閉接点）の組み合わせを使って考えた、回路の判断機能や条件のことです。

二つの状態を「1」と「0」とに対応させて考え、回路の判断結果や条件などを表現することを「二値論理」といいます。

表5.1は、シーケンス制御器具（有接点）を素子とした、2値論理との関係を整理した対応表です。

器具 ＼ 論理	"1"	"0"	説 明
スイッチ	SW 閉	SW 開	接点が閉じているか、 接点が開いているか
接点 (A接点)	閉	開	
コイル リレーや電磁開閉器	SW Ⓡ 閉　励磁	SW Ⓡ 開　消磁	コイルが 励磁されているか、 されていないか
ランプ	SW 閉　点灯	SW 開　消灯	ランプが 点灯しているか、 消灯しているか

▲表5.1　制御器具の働きと論理

134

2.3 基本論理回路

基本論理回路は、表5.1の論理素子を組み合わせたものです。
以下、順に説明していきましょう。

● (1) AND（論理積）回路

図5.4（a）がAND回路（2入力AND）です。

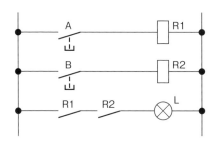

(a) AND回路

A=R1	B=R2	A・B=L
0	0	0
1	0	0
0	1	0
1	1	1

(b) AND回路の真理値表

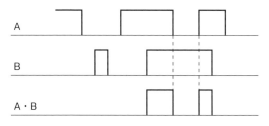

(c) AND回路のタイムチャート

▲図5.4　AND回路

押しボタンスイッチAがリレーR1に、押しボタンスイッチBがリレーR2に接続されています。二つのリレー接点（Make接点）であるR1とR2が、ランプLと直列に接続されています。

　この回路で、押しボタンスイッチのON状態を「1」に、OFF状態を「0」に対応させます。また、ランプの点灯を「1」に、消灯を「0」に対応させます。このとき、二つの押しボタンスイッチのONとOFFのすべての組み合わせと、ランプの点灯（出力）との関係を整理すると、図5.4（b）の表のようになります。

　この表から、二つの押しボタンスイッチ（入力）がAとB両方ともON（1）のときだけ、ランプL（出力）が点灯（1）することが分かります。

　この表を**真理値表**といいます。論理代数で論理回路の設計をするときに作成し、入出力の論理条件を明確にするための表です。

　この回路の動作を、さらに分かりやすく具体的に表したのが、図5.4（c）のタイムチャートです。入力がすべて1のときだけ、出力が1になり、それ以外は0になるのが分かります。これを論理積（AND）といいます。

　AND回路の論理は、「Lは、AとBのANDである」といい、次式がAND回路の論理式です。

$$A \cdot B = L \cdot \cdot \cdot \cdot \cdot \cdot \cdot \cdot \cdot \cdot \cdot \cdot \cdot \cdot \cdot \cdot \cdot (1)$$

Column　スイスで見た日の丸に涙

　私は、制御装置メーカの技術担当役員時代に、スイスに本部を置く世界的企業である顧客と業務提携の話し合いのため訪問したことがあります。

　雪をいただくアルプスの美しい山並みを眺めながら、門をくぐって正面玄関に向かうとき、事務所の屋上にへんぽんと翻る日の丸の旗が目に入り、思わず目に涙が溢れてくるのを抑えることができませんでした。

　私を歓迎してくださる同社の皆さんの心に感動したことはもちろんですが、この涙は、故国を遠く離れたこの地で自分が日本人であることを改めて自覚したことによるものであることはいうまでもありません。

　話し合いを滞りなく済ませ、ホテルに戻って、部屋の中で久しぶりに君が代を歌ったものです。

(2) OR（論理和）回路

図5.5 (a) がOR回路（2入力OR）です。そして同図 (b) が真理値表、同図 (c) がタイムチャートです。

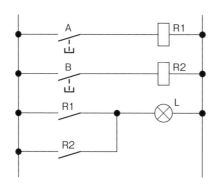

(a) OR回路

A=R1	B=R2	A＋B=L
0	0	0
1	0	1
0	1	1
1	1	1

(b) OR回路の真理値表

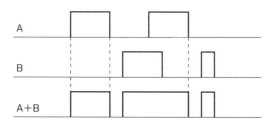

(c) OR回路のタイムチャート

▲図5.5　OR回路

この回路の論理は、AND回路の正反対で、AとBがともに「0」のときだけLが「0」、つまり消灯となり、ほかの場合はすべて点灯となります。これを論理和（OR）といいます。OR回路の論理は、「Lは、AとBのORである」といい、論理式は次式です。

$$A + B = L \cdots\cdots\cdots\cdots\cdots\cdots (2)$$

(3) NOT（否定）回路

図5.6（a）がNOT回路です。

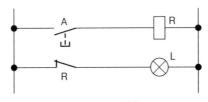

(a) NOT回路

A = R	$\overline{R}$ = L
1	0
0	1

(b) NOT回路の真理値表

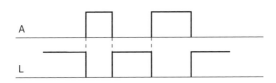

(c) NOT回路のタイムチャート

▲図5.6　NOT回路

　ランプLは、リレーRのNC（Normal Close）接点と直列に接続されていますので、このままの状態で点灯しています。
　今ここで、押しボタンスイッチAを押すとリレーRが動作しますので、Rの接点（NC接点）が開いて、Lは消灯します。

つまり、入力をONすると出力がOFFします。

このようにNOT回路では、NC接点によって入力と出力の関係が反転することから、インバータ（反転回路）とも呼ばれています。

図5.6 (b) が真理値表、同図 (c) がタイムチャートです。

次式が、NOT回路の論理式です。

$$\overline{A} = L \cdots\cdots\cdots\cdots\cdots\cdots (3)$$

● (4) フリップフロップ (Flipflop) 回路

これは、すでに学んだ自己保持回路とまったく同一の回路です。

セット入力S（始動）で記憶（自己保持）され、リセット入力R（停止）で記憶が消去（自己保持解除）されることから、「SRフリップフロップ回路」とも呼ばれています。

図5.7 (a) は回路図、同図 (b) はタイムチャートです。

出力は、リレーRの接点です。NO (Normal Open) 接点は、セット状態でON、リセット状態でOFFとなります。

NC (Normal Close) 接点は、この反対となります。

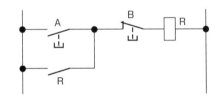

(a) フリップフロップ回路

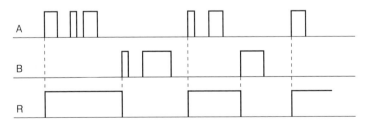

(b) フリップフロップ回路のタイムチャート

▲図5.7　フリップフロップ回路

2.4 基本的な機能の制御回路

シーケンス制御回路は、簡単なやさしい回路でも、複雑で高度な機能を持つ自動運転回路でも、すべていくつかの基本論理回路の組み合わせからできています。

特に、自動運転に関する回路は、自己保持（フリップフロップ）回路にほかの論理回路を付加した、一種の応用回路といってもよいでしょう。

図5.8に、自己保持回路の展開を示します。同図 (b) のように、(a) の回路のBS1とBS2の部分を、ほかの装置あるいはほかの機器からの信号接点に置き換えることで、さらに発展させることができます。

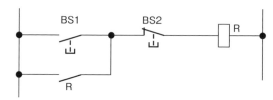

(a) 押しボタンスイッチによる自己保持回路

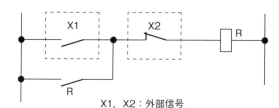

X1，X2：外部信号
(b) 外部信号による自己保持回路

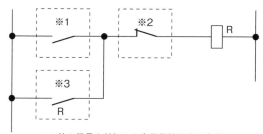

(c) 他の信号を付加した自己保持回路の応用

▲図5.8　自己保持回路の展開

また同図 (c) のように、※1、※2、※3の部分に論理 (開閉) 素子を直列 (AND) 接続したり、並列 (OR) 接続することで、さまざまな機能の回路が作られ利用されています。

ここでは、代表的な回路について説明しましょう。

● (1) 複数の位置から操作する運転回路

図5.9 (a) は、離れた位置に設置されている二つの操作盤から、1台の装置の始動・停止をできるようにした回路です。

オペレータが、離れた二つの位置を行ったり来たりしながら装置を操作する必要のある場合に便利です。同図 (b) はその回路です。

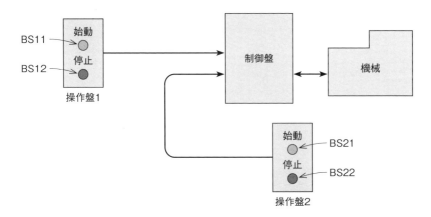

(a) 二つの操作盤による運動操作

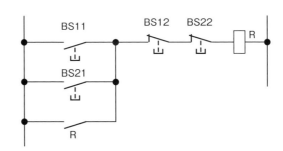

(b) 二つの操作盤から始動停止できる自己保持回路

▲図5.9　二つの操作盤からの運転操作回路

(2) 優先回路

優先回路は、例えばM1とM2の二つの装置があって、M1が運転中はM2は運転できないようにするインターロック回路です。

図5.10にその回路を示します。

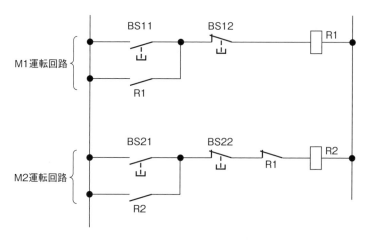

▲図5.10　優先回路

図において、M2運転用のリレーR2のコイルの直前に、M1運転用のリレーR1のB接点が入っていますので、R1が自己保持（運転）するとR2は動作できず、運転できません。

M2が先に運転中であっても、M1が運転を開始（始動）するとR1のB接点が働き、M2は停止してしまいます。

このように、この回路は、M1がM2に対して常に優先していて、インターロックする方向が一方向です。このことからこの回路を、**一方向インターロック回路**ともいいます。

● (3) 先優先回路

　先優先回路は、二つの装置、M1とM2があって、どちらか一方の装置が先に運転中の場合は、ほかの一方は運転できないという回路です。

　図5.11に示すように、リレーR1のB接点がR2 (M2) の回路に、リレーR2のB接点がR1 (M1) の回路に入っています。そのため、互いにインターロックをかけ合っていて、どちらか先に運転を開始（始動）した方が優先するという回路です。

　このことからこの回路を、**双方向インターロック回路**ともいいます。

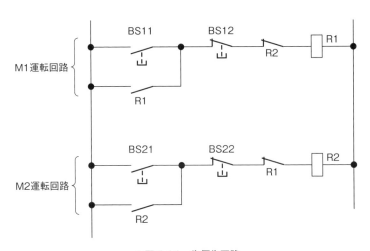

▲図5.11　先優先回路

　運転中の装置を停止して、そのリレーの自己保持を解除してからでないと、ほかの一方の装置は運転できません。

　電気回路的にも機械的にも、互いに干渉する場合、正転・逆転、あるいは前進・後退のように、相反する動作が同時に始動しないようにするために用いられる回路です。

● (4) 後 (新入力) 優先回路

先優先回路では、運転中の装置を停止してからでないと、ほかの一方の装置を始動できませんでした。

後(新入力)優先回路では、図5.12のように、互いにリレーのB接点が、ほかの回路の自己保持接点と直列に入っています。そのため、停止中の装置の始動用押しボタンスイッチを押すと、運転中のリレーの自己保持を解除(停止)させて、代わって自分が始動することができます。

つまり、後から新しく入力を与えた方が優先して運転できる回路です。

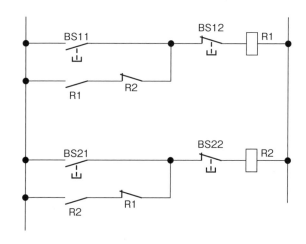

▲図5.12 後優先回路

● (5) 直列優先（順序）回路

複数の装置が、電気的や機械的に関係しあっているとき、決められた順序でその装置の運転を開始しなければならない場合があります。

例えば、直列につながっている複数のコンベアがあって、いずれもワークが載っているとします。もし、後ろのコンベアが先に始動すると、ワークが衝突し破損するおそれがあります。ここでは、確実に先頭のコンベアから始動させていく必要があります。

図5.13が、このようなときに用いられる直列優先回路です。

押しボタンスイッチBS1によってリレーR1を自己保持させ、次にBS2によってリレーR2を自己保持させた後、BS3でリレーR3を自己保持させるという具合に、この図の場合は、番号の若い順に始動させていきます。順番を間違えると始動できません。

停止は、停止用押しボタンスイッチによって、全装置が同時に停止します。

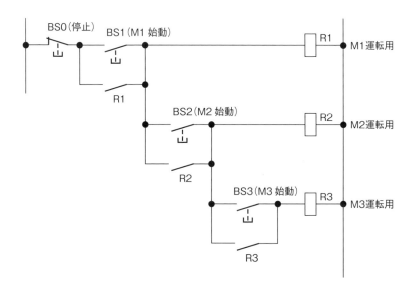

▲図5.13　直列優先回路

(6) 並列優先回路

　並列優先回路は、先優先回路と基本的に同じ回路です。

　先優先回路は、互いに相反する動作をする二つの装置が同時に動作することを禁止する双方向インターロック回路で、結果的に先優先回路となっていました。

　並列優先回路は、いくつかの自己保持回路が並列につながっていて、その内のある一つの押しボタンスイッチを押して自己保持させると、ほかの回路すべてが動作できなくなる回路です。

　テレビのクイズ番組で、一番早く分かった回答者が回答権を得るために、ボタンを押すゲームがあります。一瞬でも遅れたら負けです。このボタンの早押し競争に使われる回路です。

　図5.14には、三つの自己保持回路の場合を示しました。回路の数はいくつでも原理は同じです。つまり、各自己保持回路において、自己のリレーが持つB接点を自分以外の回路に入れることで、ほかのすべての自己保持回路の動作を禁止していることが分かります。

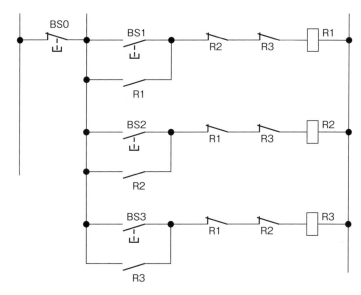

▲図5.14　並列優先回路

● (7) タイマ回路

タイマには、ONディレー形（限時動作形）とOFFディレー形（限時復帰形）とがあります。

図5.15 (a) は、リレーによる自己保持回路とタイマとを組み合わせたONディレー回路です。

同図 (b) はその動作を説明するタイムチャートです。

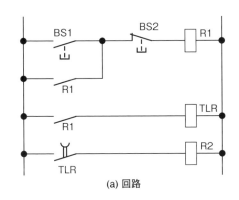

(a) 回路

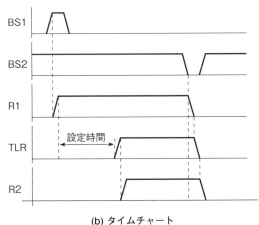

(b) タイムチャート

▲図5.15　ONディレー回路1

BS1によってリレーR1が自己保持し、R1のA接点によりタイマTLRが駆動され、あらかじめ設定された時間だけ遅れて、TLRのA接点が動作してリレーR2が動作します。

図5.16 (a) は、同じONディレー回路ですが、違う動作をします。リレーR1の自己保持回路にタイマTLRのB接点が入っています。

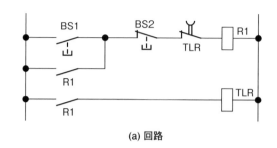

(a) 回路

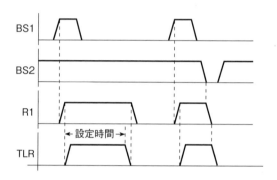

(b) タイムチャート

▲図5.16　ONディレー回路2

　BS1によってリレーR1が自己保持し、同時にTLRが駆動され、一定時間後にTLRのB接点が開いて自己保持が解除されます。リレーR1は、タイマTLRに設定された時間だけONします。

　図5.17は、OFFディレー回路です。

　BS1によってリレーR1が自己保持し、タイマTLRも駆動され、TLRのA接点も瞬時に閉じます。

　しかしこの状態ではまだ限時動作はしません。

　BS2を押すことによってリレーR1の自己保持が解除されると、その瞬間からタイマTLRは限時動作を開始します。そして、設定時間後にTLRのA接点が開きます。

　この図では、異なる動作の出力信号を二つ設けています。

第一出力のリレーR2は、BS1を押したときにONして、TLRがタイムアップするとOFFします。

第二出力のリレーR3は、BS2によってリレーR1の自己保持が解除した瞬間にONし、タイマTLRのタイムアップでOFFします。

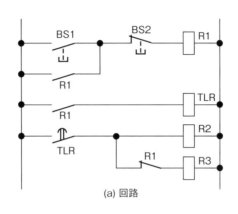

(a) 回路

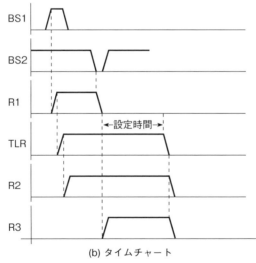

(b) タイムチャート

▲図5.17　OFFディレー回路

2.5 デジタル回路型応用回路

自動化への応用などシーケンス制御のレベルが高くなり、離れた位置への交信やデジタルシステムとの交信が増え、その数が増えると共に高い回路技術や交信の高信頼性が求められます。

ここでは、これらの課題に応えるために工夫された回路を紹介します。

● (1) エンコード (Encode) 回路

いくつかのON-OFF信号を組み合わせて、特定の意味を持つ信号に変換する符号化回路が、エンコード回路です。

近年、デジタル機器の利用が多くなりましたが、デジタル機器との数値情報の交信に多く使用されるBCD (2進化10進数) にもこの回路が使われています。

図5.18にエンコード回路を、表5.2に信号表を示します。

図から分かるように、0を含む8個のリレーの接点信号が3個のリレーの接点信号に変換されています。この信号の変換の様子を表すと表5.2になります。遠方の装置に送信する場合、信号線の数を大幅に減少させることができ、経済的にも信頼性の上からも大きなメリットが得られます。

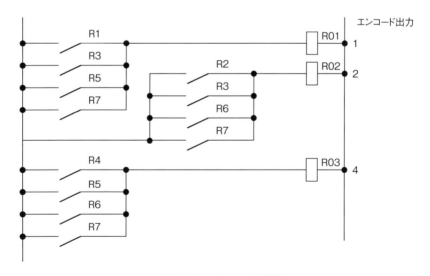

▲図5.18　エンコード回路図

信号	入力信号リレー	出力リレー R01	出力リレー R02	出力リレー R03
0	—	×	×	×
1	R1	○	×	×
2	R2	×	○	×
3	R3	○	○	×
4	R4	×	×	○
5	R5	○	×	○
6	R6	×	○	○
7	R7	○	○	○

▲表5.2　エンコード信号表

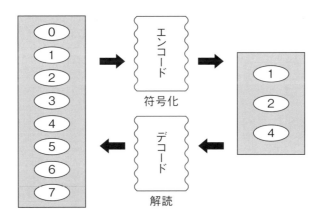

▲図5.19　エンコードとデコードの概念図

● (2) デコード (Decode) 回路

　デコード回路は、エンコード回路の逆の機能の回路で、コード化されて送られて来る信号を解読して、特定の意味のある信号に変換する回路です。

　次ページの図5.20がデコード回路で、表5.3はその信号表です。

　表5.3にその変換の様子を示します。

　3個の接点信号の組み合わせが、8個のリレー信号に変換されたことが分かります。

　エンコードとデコードの関係を表すと図5.19のようになります。

151

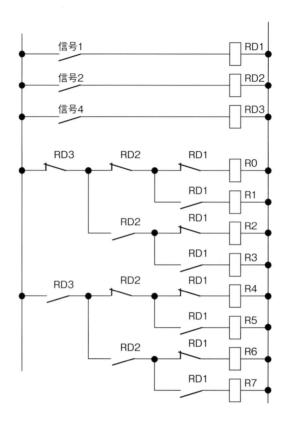

▲図5.20 デコード回路図

入力信号			出力信号
RD1	RD2	RD3	リレー
×	×	×	R0
○	×	×	R1
×	○	×	R2
○	○	×	R3
×	×	○	R4
○	×	○	R5
×	○	○	R6
○	○	○	R7

○：ON　×：OFF

▲表5.3 デコード信号表

(3) フリップフロップ回路

フリップフロップ回路は順序回路と呼ばれている回路でいくつかのタイプがあり、自己保持回路はSRフリップフロップ回路と呼ばれている回路です。

ここでは、デジタルカウンタに用いられる「カウンタ型フリップフロップ回路」とこの回路を応用した形の「4ステップリングカウンタ回路」およびシフト回路と呼ばれている「計数回路」について説明します。

2進カウンタ型フリップフロップ回路

図5.21に2進カウンタ型フリップフロップ回路を示します。

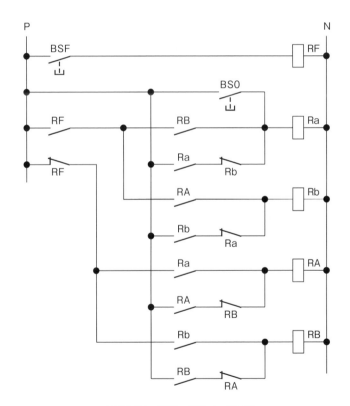

▲図5.21　フリップフロップ回路

この回路はリレーを用いて構成したフリップフロップ回路であり、リレー式ですからデジタルカウンタとして用いられることはほとんどありませんが、機能としては立派に2進カウンタとなっています。

　図において、歩進入力用押しボタンスイッチBSFを1回押すごとに、リレーRFが1回動作し、そのたびに2組のリレーそれぞれRa・RAとRb・RBが交互にON-OFF動作を繰り返します。

　図5.22にその様子を説明するタイムチャートを示します。

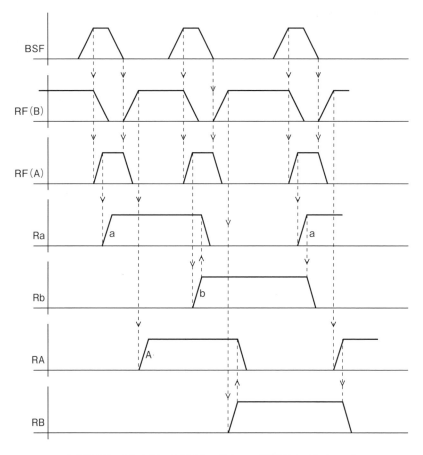

▲図5.22　2進カウンタ型フリップフロップ回路のタイムチャート

図5.21の回路図とこのタイムチャート図とを見比べながら、その動作を読んでいくとその働きが理解できると思います。

さて、歩進入力BSFを押すと、そのA接点RFによってまずリレーRaが自己保持し、RFのB接点のオフによってリレーRAが自己保持します。

この回路では、最初の歩進入力のときだけ始動用押しボタンスイッチBS0を1回BSFと同時に押します。

BSFをオフするとそのB接点の復帰によってRAが自己保持します。

次にこの状態で押しボタンスイッチBS2を押したときFRがオンし、RAの効果でリレーRbが自己保持し、BS2をオフするとRbの効果でRBが自己保持します。

このようにして1個の歩進入力スイッチを押すたびに、つまり1個の歩進入力信号を与えるごとにRa・RA→RB・Rb→Ra・RA→・・・という具合に、二組のリレーが交互に歩進動作を繰り返していきます。

4ステップリングカウンタ

図5.23は4ステップリングカウンタと呼ばれているカウンタの回路図です。

この回路は、図5.21に示すように歩進入力用押しボタンスイッチBSRを押すごとに各リレーそれぞれの自己保持がRa・RA→Rb・RB→Rc・RC→Rd・RD→Ra・RA・・・と次々に右回転状に切り替わっていきます。

次に、歩進入力用押しボタンスイッチBSLを押すと、そのたびにRd・RD→Rc・RC→Rb・RB→Ra・RA→・・・のように左回転状に回転します。

回転方向の切り替えは任意にどこのステップからでも可能です。

歩進入力を与えて回転動作の進む回路の動作の読み方は2進カウンタ型フリップフロップの場合と同一ですから回路を読んでみて確認してください。

注：リレー式フリップフロップ回路のリレーの動作時間については、厳密には注意が必要です。カウンタ回路のリレーの動作時間に対して、歩進入力用リレーのオンしている時間は、若干長いことが必要です。この回路を読むに当たって、このことを念頭において読んでいただきたくお願いいたします。
本書で紹介するリレー式フリップフロップ回路およびその応用回路では、始動のときに始動用押しボタンスイッチを1回だけ押す操作が必要です。

155

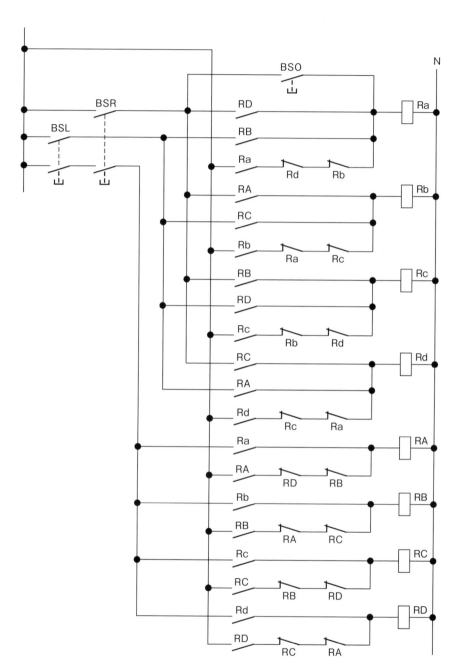

▲図5.23 4ステップリングカウンタ回路

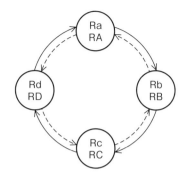

▲図5.24 4ステップリングカウンタの歩進

1入力オンオフ回路

　この回路は一つの入力信号、例えば1個の押しボタンスイッチを1回オンするとリレーが自己保持し、次の2回目のオンによって自己保持を解かれてオフするという動作を繰り返す回路です。

　図5.25（a）はその回路、そして同図（b）はタイムチャートです。

　押しボタンスイッチBSを押す（1回目）とリレーRaがオンして自己保持し、BSをオフするとリレーRbがオンして自己保持します。

　2回目のBSオンでRcがオンして自己保持し、RaとRbがオフし、BSをオフするとRcがオフし、すべてがオフして元の状態に戻ります。

　3回目以降は同じことを繰り返します。

　これは、入社間もない若かりし頃の著者がユーザから要望を受け、苦心して考案し、「**1入力オンオフ回路**」と命名した懐かしい回路です。

　リレー4個を使ったフリップフロップ回路は知っていましたが、リレーの数を減らすことはできないかと考えて挑戦し、1個減に成功したわけです。

　昨今では、このような機能の押しボタンスイッチが販売されていますので、この回路の必要はなくなりましたが、このような回路を考えてみることは、シーケンス制御回路の設計者として有用と考え紹介させていただきました。

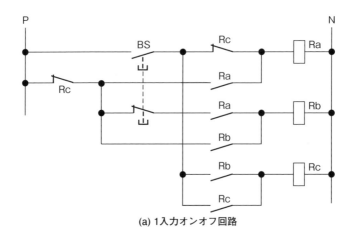

(a) 1入力オンオフ回路

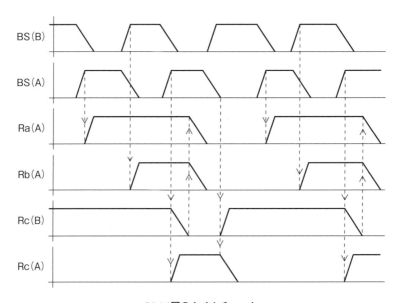

(b) (a)図のタイムチャート

▲図5.25　1入力オンオフ回路の動作

注：図5.25 (b) のタイムチャートでは、信号の因果関係を表す破線の矢印が重なり合わないようにするために、動作線図の斜線の部分の角度をオンとオフで変え、オンは急な立ち上がりのように、そしてオフは緩やかな立ち下りのように描いています。

第**5**章　シーケンス制御回路の読み方・書き方

(4) 計数回路（シフト回路）

　これはON-OFFを繰り返す接点信号の、ON-OFFの回数を数える機能の回路です。

　信号接点が1個来るごとに、リレーの動作状態（自己保持状態）が次のリレーへと移っていきます。

　リレーの番号が、N1からNnへと移っていきますので、計数回路ともいい、また、あるリレーから次のリレーへとシフトしていくことから、シフト回路ともいわれています。

　ステップ数が多く、そして各ステップにおける制御動作の種類や順序を、操作盤上に設置されたピンボードなどによって選択設定できるようにしたプログラム制御に用いられる回路です。

　図5.26は、このような目的に使われる基本的な計数回路の例です。

　図において、まず始動用押しボタンスイッチBS1を押します。入力信号接点に、最初に計数すべき入力信号が来て受信用リレーRsがONすると、リレーRaが自己保持します。続いてRsがOFFすると、今度はリレーRAが自己保持します。

　Rsの1回のON-OFFで、リレーRaとリレーRAが自己保持して、これが計数の始まりとなります。

　RAがONしていますので、二つ目の信号がきてRsがONすると、Rbが自己保持します。そして、RbのB接点によりRaは自己保持を解除されます。続いて、RsがOFFすると今度はRBが自己保持し、RBのB接点によりRAは自己保持を解除されます。

　このように、Rsの1回のON-OFFにより、2個1組のリレーの自己保持状態が、次から次へとシフトしていきます。

　Rsのn回目のON・OFFが終了した段階で、RnとRNが自己保持していて、n個の信号を受けたことが分かります。

159

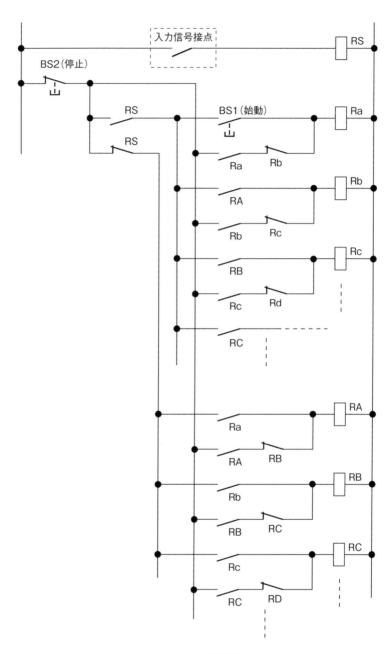

▲図5.26　計数回路

160

図5.27にタイムチャートを示します。

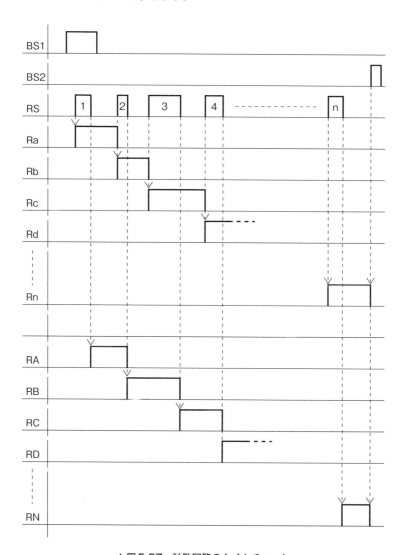

▲図5.27　計数回路のタイムチャート

5 3 電動機制御のABC

3.1 主回路と制御回路

シーケンス制御回路は、主回路と制御回路によって構成されています。

主回路とは、大きな電力を消費する負荷の回路をいいます。

制御回路とは、リレーやタイマなどのように微弱な電流によって動作する器具で構成され、負荷の開閉制御を行う回路です。

大がかりな装置の場合、制御回路をさらに分けて、入力回路と論理制御回路と出力回路により構成されます。

図5.28を見てください。

主回路は、電源（三相200V・50Hz）を電源端子で受け、しゃ断器と電磁開閉器の主接点を通って三相誘導電動機までです。

制御回路は、図のように主回路の3線の内の2線からヒューズ（しゃ断器）を通って引き出して、これを母線（制御回路電源線）として構成します。

この回路例のように簡単な回路の場合は、制御回路母線を直接主回路から引き出して使います。

しかし、制御内容が高度化、複雑化するにつれて、絶縁トランスや直流電源ユニットなどのような専用の電源を別に装備するのが普通です。

これは主回路の負荷開閉に伴う電圧変動や、外部からのノイズの影響を受けないようにするためです。

第5章 シーケンス制御回路の読み方・書き方

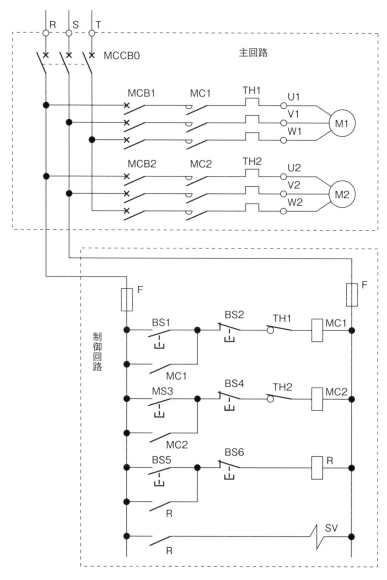

▲図5.28　主回路と制御回路

3.2 電動機制御回路

シーケンス制御系では、電動機を使う場合が非常に多くあります。そして使われる電動機のほとんどが三相誘導電動機です。

その使い方は、ファンやポンプを運転する「連続運転」の場合もありますし、ワークハンドリングのように始動、停止、逆転を頻繁に繰り返す「反復運転」の場合もあります。

いずれも駆動する相手（負荷）が機械ですから、機械の性質を考慮に入れた運転をする必要があります。また電動機にとって安定した運転を続けていくためには、運転上の制限事項が守られなければなりません。

一口に電動機運転回路といっても、システムを円滑にかつ快適に運転するために、いろいろなことが考えられているのです。

このような事柄をすべて考慮に入れて、操作性も安全性も完璧な電動機制御回路を作ることは、実はそう簡単なことではありません。

したがって、電動機制御回路を勉強することによって、さまざまなシーケンス制御技術を習得することができるのです。

(1) 三相誘導電動機運転回路

三相誘導電動機は構造簡単で取り扱い簡単な電動機です。

図5.29に示すように、三相の手動開閉器（ヒューズスイッチ）を介して三相電源に接続し、この手動開閉器を操作することによって簡単にその始動停止を制御することができます。

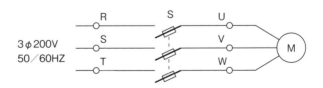

▲図5.29　ヒューズスイッチによる電動機運転

この使い方は、容量1（kW）程度以下の小型ボール盤などの運転に用いられる場合の例であり、操作性や安全性の点で十分ではなく、自動化を目指すシーケンス制御回路では、もちろん図5.30に示すように電磁開閉器を用いる手法が一般的です。

電磁開閉器を用いると手動操作スイッチSで安全かつ簡単に始動停止を操作できるだけでなく、可逆運転や遠隔操作、さらには自動運転への応用が容易に可能となるなど、およそ電動機運転でできるさまざまな応用制御が思いのままとなります。

図5.30において、操作スイッチSをオンすると電磁開閉器が働き、その主接点のオンによって電動機が始動します。

この回路では、サーマルリレーTHによって過負荷保護ができますし、また操作スイッチも適当なタイプのものを選ぶことも可能です。

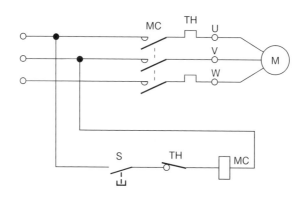

▲図5.30　電磁開閉器による電動機運転

(2) 外部信号による電動機運転

図5.31に示す電動機運転回路は、外部信号による一般的な運転回路です。

この形は、近くに置かれているほかの装置からの信号である場合もあり、また遠隔地に置かれたほかの装置などからの信号である場合もあります。

外部の信号接点の電流容量が懸念される場合には、図5.32に示すように一旦ミニチュアリレーRで受けてその接点で電磁開閉器MCを働かせる方法を用います。

ミニチュアリレーはここでは電流増幅の働きをしていることになります。

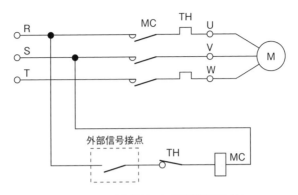

▲図5.31　外部信号による電動機運転（1）

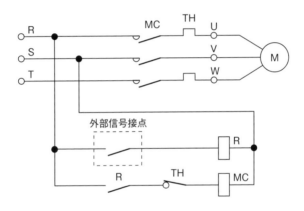

▲図5.32　外部信号による電動機運転（2）

● (3) 可逆運転回路とインターロック

　三相誘導電動機は、図5.33に示すように、電源端子R・S・Tと電動機端子U・V・Wがそれぞれ正しく接続されている場合、電動機の反負荷側から見て時計方向と定められています。

　図5.34のように、3本の電線の内の2本を入れ替えて接続して電源を供給すると反対の方向に回転します。

第5章 シーケンス制御回路の読み方・書き方

▲図5.33 三相誘導電動機の回転方向（正転）

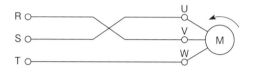

▲図5.34 三相誘導電動機の回転方向（逆転）

　図5.35は、正逆、それぞれMCFとMCRの二つの電磁開閉器を用い、これを正逆の操作スイッチSfとSrとによって働かせるようにした三相誘導電動機の可逆運転回路です。

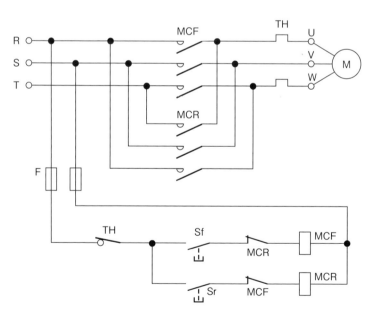

▲図5.35 電磁開閉器による可逆運転回路

167

この回路で、特に注目したいことは正転用電磁開閉器MCFのB接点が逆転用電磁開閉器MCRの前に挿入され、逆にMCRのB接点がMCFの前に挿入されていることで、この効果により、MCFとMCRが同時に働かないようになっていて、正逆互いに一方が運転中にほかの一方の運転ができないようになっていることです。

ここで回路図を眺め、目で追って、もしもMCFとMCRが同時に働いた場合、電源腺のR相とT相とが短絡状態になることを確認してください。

このようなことにならないように、互いに一方が働いているときほかの一方の働きを禁止することを「インターロック」といい、シーケンス制御上の安全を確保する重要な手法となっています。

相反する二つの働きがある場合、一方が働いているときほかの一方を防止する手段としては、図5.36 (a) に示すように、二つの操作スイッチを一つの切換スイッチに変える方法とか、同図 (b) に示すように押しボタンスイッチの互いのB接点を用いる方法などがあります。

これらの手法の中で、特に先に選択された動作が優先して働くようにしたインターロックを「先優先インターロック」といいます。

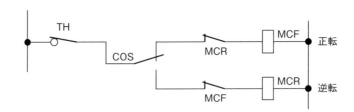

▲図5.36 (a)　正転と逆転のインターロック回路

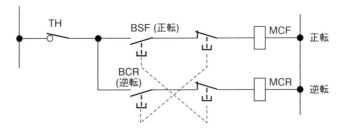

▲図5.36 (b)　B接点による相互インターロック

● (4) 自己保持回路による運転

自己保持回路についてはすでに第3章で学びました。また、電磁開閉器の自己保持回路による三相誘導電動機の運転についても、第4章で学びました。

ここでは、電磁開閉器自身の補助接点を使った自己保持運転回路を説明します。

電磁開閉器の補助接点の数は少ない（A接点1個、B接点1個）ので、回路に持たせる機能が増えてくると接点数が足りなくなります。

この補助接点数を補うための回路が、図5.37に示す補助リレーによる運転回路です。

補助リレーの使い方には二つあります。図5.37 (a) は、電磁開閉器MCに補助リレーRを抱き合わせた（並列接続）回路で、補助接点を増設した形になっています。

同図 (b) は、リレーRによる自己保持回路を別に設けて、このRのA接点によってMCを制御する形となっています。

そしてこの形は、図5.32の外部信号による電動機運転回路と同じ構成の回路となっていることが分かります。

ほかのシステムとの連動運転など、高度な機能を要求される最近のシーケンス制御回路では、回路構成の自由度の高いこの形が多く使われています。

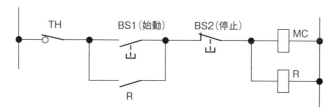

(a) 電磁開閉器と補助リレーの並列接続による運転

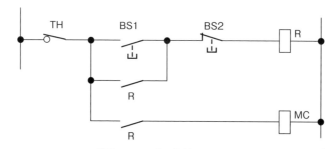

(b) 補助リレーの自己保持回路による運転

▲図5.37　補助リレーによる自己保持運転回路

● (5) 自己保持回路による正転・逆転

　自己保持回路による正転・逆転、つまり可逆運転回路の典型的な二つの形を、図5.38に示します。

　いずれも、主回路と電磁開閉器回路は省略してあり、正転用リレーRfと、逆転用リレーRrとによって構成されています。

　同図 (a) は、先優先回路です。正転から逆転へ、あるいはその反対への切換は、一度、停止ボタンを押してからでないとできません。

　同図 (b) は、後優先回路です。停止ボタンを押さなくても、正転から逆転へ、そしてその反対への切換が可能です。

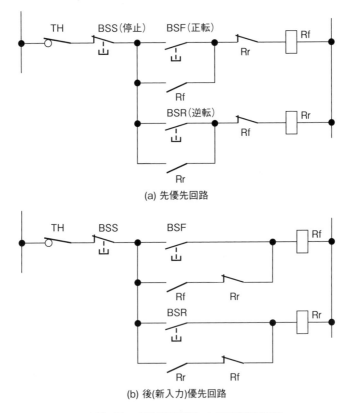

▲図5.38　自己保持回路による可逆運転回路

● (6) 寸行運転・連続運転

　電動機で機械を駆動する装置において、連続運転に入る前に、調整などで試し運転をします。このときに、寸行運転（Jogging）、別名「ちょい回し」が行われます。
　このように、シーケンス制御の現場では、連続運転と寸行運転の両方ともできないと、不自由な場合が非常に多くあります。そしてその運転は、容易に、かつ間違いなくできなければなりません。
　図5.39 (a) は、切換スイッチSを加えることで、寸行運転と連続運転とを可能にした回路図です。

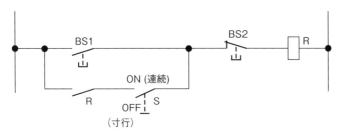

(a)始動押しボタンスイッチ兼用回路

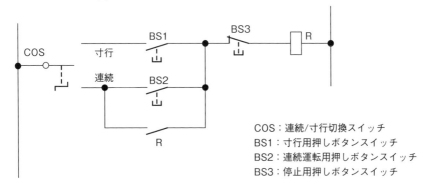

COS：連続/寸行切換スイッチ
BS1：寸行用押しボタンスイッチ
BS2：連続運転用押しボタンスイッチ
BS3：停止用押しボタンスイッチ

(b) 専用の始動押しボタンスイッチを設けた回路

▲図5.39　寸行/連続運転回路

注：電動機や機械的回転体は、いずれも慣性（イナーシア）を持っていますので、電磁開閉器MCを開いてからも、しばらく回転を続けます。
　この慣性による回転が残っている内に、反対の電磁開閉器MCを投入して逆方向の電圧を加えると、いわゆる「逆相制動」の状態になります。
　逆相制動については、機械的にも電気回路的にも注意が必要です。

始動用押しボタンスイッチBS1が、寸行運転と連続運転との兼用になっている回路で切換スイッチSをONにすると、リレーRの自己保持が成立して連続運転となります。

SをOFFにしておくと、リレーRが自己保持できませんので、BS1を押している間だけ運転、つまり寸行運転となります。

同図（b）は、寸行用と連続用と、それぞれ専用の押しボタンスイッチを設けた場合の回路です。

図5.40は可逆運転回路に寸行・連続を可能にした回路です。

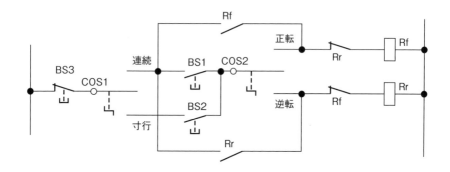

COS1：連続/寸行切換スイッチ
COS2：正転/逆転切換スイッチ
BS1：連続運転用押しボタンスイッチ
BS2：寸行運転用押しボタンスイッチ

▲図5.40　可逆運転と寸行／連続運転のできる回路

押しボタンスイッチを正転用／逆転用、あるいは寸行用／連続用とどちらも専用に設けることはできます。しかし、寸行／連続という運転方法の切換には、専用の切換スイッチが不可欠です。

自動運転のための シーケンス制御回路の組み方

シーケンス制御における自動運転のための原点となる回路は自己保持回路であり、自動運転では、一つ一つのリレーに課せられた制御動作を、それぞれのリレーの自己保持動作によって行わせ、これを必要な数だけ連ねて、次から次へとリレー動作を切り替えて進めていき、一連の自動運転動作を完了させます。

したがって、一つのリレーが、その自己保持動作をそれぞれの次のリレーの自己保持動作に切り替えて継ないでいく回路が自動運転制御回路の根幹である基本回路ともいうべき**順序制御回路**になります。

自動運転において、一つの制御動作を1ステップとして最後のステップまでを1サイクルとして、すべてのステップを終了するまでの運転を「**1サイクル運転**」といい、これを必要な回数だけ連続して続ける運転を「**連続サイクル運転**」といいます。

連続サイクル運転の場合、運転回数を計数する回路を設け、あらかじめセットした予定回数に達したとき自動停止するようにした**回数制御**も可能です。

(1) 自動運転回路の構成

図5.41は、自動運転のためのシーケンス制御回路の基本形です。

自動運転では、与えられた機能を果たす自己保持回路を連ねて次々と制御動作を遂行していきますが、ステップ数が少ない比較的簡単な回路の場合には、核となる順序回路の中に操作スイッチやリミットスイッチ、さらにアクチュエータや表示器など必要とする器具をすべて含めて構成するのが普通です。

しかし、ステップ数が多く、制御対象の構造や機能が複雑な規模の大きいシステムでは、順序制御回路を主たる回路としてまとめ、モード設定回路や手動操作回路、さらにはアクチュエータ回路や警報回路などを目的別にまとめて別に配置し、これら全体を連携させ、その連携関係を読みやすくそして分かりやすくするよう工夫して構成します。

次ページに示す図5.41はそのように構成された自動運転制御回路の例です。

この回路図は、紙面の都合上二つに分けて、174ページに図5.41 (a) を、そして175ページに図5.41 (b) を掲載していますが一つの図として読んでいただきます。

●（2）自動運転回路の操作とその制御動作

図5.41の自動運転回路において、その運転は、まずモード設定回路でモード設定を行い、運転操作に入ります。

切換スイッチCOS1を手動に設定し、手動操作により機械各部の動きを確認した後、自動に切り替え、さらにCOS2を1サイクル運転に設定します。

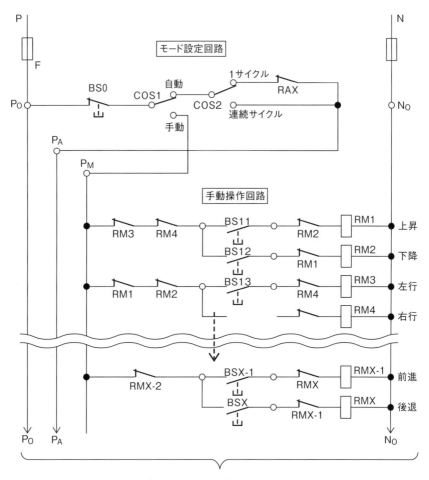

▲図5.41（a）　自動運転のシーケンス回路

第5章 シーケンス制御回路の読み方・書き方

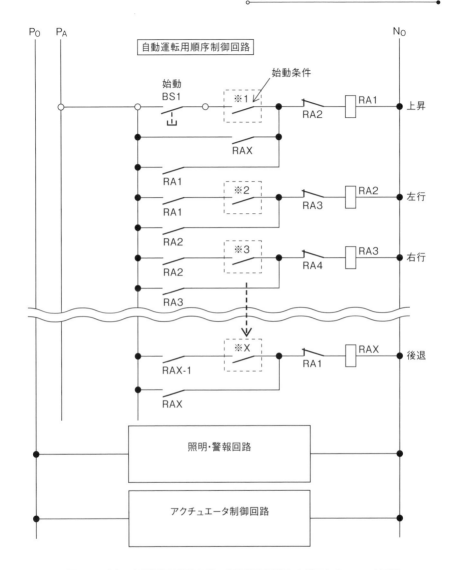

▲図5.41 (b)　自動運転用順序回路・照明警報回路およびアクチュエータ回路

注：図5.41の回路図では、電源回路と電動力回路は省略してあり、また警報回路とアクチュエータ回路は内部回路を省略したブロック線図で表しています。

ここで※1がオンして始動条件が成立していると、自動運転の始動用押しボタンスイッチBS1を押すことによって、リレーRA1が自己保持し、RA1に課せられた第一ステップの制御動作がスタートします。

RA1による制御動作が終了するとその検出器※2が動作してオンとなり、そのA接点の動作が次ステップの始動信号となってRA2が自己保持し、RA2の制御動作がスタートすると同時にRA1の自己保持を解きます。

ここで、RA1からRA2へ自己保持動作の継なぎが完了し、以後各動作の検出器※nの動作によって各ステップの自己保持動作が次々と次ステップに切り替わりながら最終ステップまで続き、最終リレーRAXが動作して1サイクル運転の停止となります。

モード切換スイッチCOS2が連続サイクルに設定してあると、1サイクル終了したときリレーRAXが動作してもサイクル停止とならず、RAXのA接点によってリレーRA1が自己保持して次サイクル運転の始動となります。

連続運転中でも、途中でCOS2を1サイクル運転に切り替えると、そのサイクル終了で自動停止します。

サイクル完了を確認するリレーRAXが、1サイクル運転終了のための自動停止の働きと、連続サイクル運転の再始動を指令する働きとをしていることが分かります。

● (3) 自己保持回路の切り替え動作に対する詳察

（2）の自動運転回路における自己保持回路が次ステップへ切り替わるリレーの働きの説明を読んで、重要な働きであるこの切り替え動作の説明に、疑問を持たれる方が少なくないと思います。

つまり、一般にリレーコイルがオン（励磁されて）してその接点が動作するとき、まずB接点がオフし、次の瞬間にA接点がオンするようになっているので、このことを頭において回路をよく見ると次のような疑問が生まれます。

RA1のコイルの直前にRA2のB接点が接続されていて、さらにRA2はRA1のA接点がオンしているときのみ「始動条件※1」のA接点のオンによって自己保持できるようになっていますから、RA2の自己保持が完成する前にRA1のA接点が切れているので、RA1→RA2の切り替えは成立しないことになるはずです。

つまり、この継なぎの動作のための回路の働きは論理的に正しくなく、単純に考えるとそのように思えます。

このことから、切り替え動作の継なぎ動作が確実に行えるようにと考え、図5.42

のように時間稼ぎのためのダミーリレーRdを置く方法を採ることが多いようです。

　これは確かに間違いのない方法ですが、実はこの方法の必要はなく、ベテランの方々は経験的に知っていて、必要のないリレー1個を無駄にすることはありません。

　これは、リレーコイルがオンしてから、そのリレーのA接点がオンし、B接点がオフするまでに遅れ時間があり、この微小な遅れ時間の作用によって、論理的に成立して継なぎ動作が確実に行えるのです。

　ここでは、この辺りの動作を詳察し、切り替え回路の動作にまったく心配のないことを確認いたします。

　少し面倒な作業ですが、シーケンス制御の回路技術を磨くためと思いお付き合いをお願いいたします。

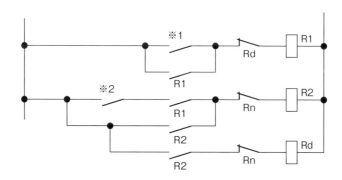

▲図5.42　ダミーリレーRdを付加した自己保持の継なぎの回路

注：図5.42における接点RnはリレーRd以降に働くリレーRnの接点です。

177

●(4) 切り替え動作の問題に関する理論的解明

この問題を考えるために、まずリレーの構造と動作を再確認します。

図5.43 (a) に、切り替え接点（C接点）を搭載しているリレーの構造図を示します。

図において、今可動接点であるC接点の接触子cは、板バネと作動アームを介してスプリングの力によってB接点の固定接触子bに接しています。

ここでリレーが励磁されるとその瞬間同図 (b) に示すように、スプリングの力に打ち勝つ電磁石の力によってアマチュアが吸引され、作動アームと板バネに支えられている可動接触子cが下方に移動します。

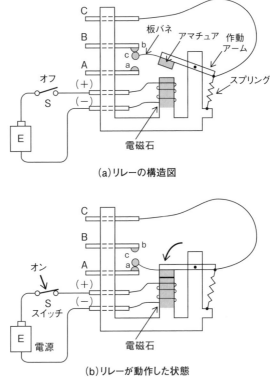

▲図5.43　リレーの構造図と動作図

この動作の中でまずcがbから離れてB接点がオフし、次の瞬間にcがaに接触しA接点がオンとなり、ここで接点が切り替わります。

図から分かるように、可動接触子cは固定接触子aとbとの間でどちらにも接触しないわずかな隙間があり、可動接触子cは瞬間的にこの隙間を通り越して切り替えが達成するのです。

このようにして、アマチュアはリレーオンのとき電磁石の力でA接点をオンさせ、リレーオフ（脱磁）のときスプリングの力で復帰してB接点をオンさせますが、どちらの場合も板バネの力によってしっかりと接触を保つようになっています。

この構造と作用により、アマチュアの動作と接点の動作との間に時間的ずれが生まれていて、このずれがリレー動作の引継ぎのために働いていることを念頭においてこれからの説明を読んでいただきたいと思います。

図5.44は、リレーコイルへの励磁電流のオンオフによって接点がオンオフする様子を分かりやすく示したタイムチャートです。

この図では作動時間を拡大し、特にアマチュアの作動は、作動の開始から終了までのストロークを直線的に誇張して描いて表しています。

さて、図5.44のタイムチャートによってリレーコイルのオン－オフによるアマチュアの動きとその接点、それぞれAとBの動作との間に存在する時間的ずれが明確に理解できると思います。

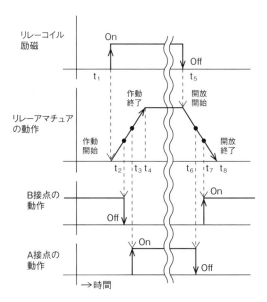

▲図5.44　リレー接点の動作のタイムチャート

179

リレーコイルがオンしてからのA接点の作動時間と、オフしてからB接点が復帰するまで時間はほぼ同一で、ともに約10～15 (m/s) です。

接触子aとbがcと離れている時間は2～5 (m/s) 程です。

リレーにおけるこれらの作動時間のずれの発生の理解の上に、いよいよ自己保持動作の継なぎの動作の疑問の解明に取り掛かります。

図5.45は、この解明のために用いる回路図、図5.46はそのタイムチャート図です。

回路図は、自動運転動作のステップナンバーを一般化した形にし、m番目のリレーからn番目のリレーへと継なぐ回路図となっています。

すでに述べた図5.41におけるリレーRA1からRA2へのリレーの継なぎの動作と、図5.45のリレーRmからRnへの継なぎの動作とはまったく変わりはありません。

図5.44に示すリレー各部のタイムチャートと図5.45の回路図を眺めながら、図5.46のタイムチャートを目で追っていくと容易に理解できると思います。

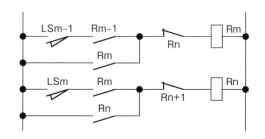

▲図5.45　リレー自己保持動作の継なぎの回路

同図において、今リレーRmが自己保持している状態として、時間t_1でリミットスイッチLSmが動作しオンすると、リレーRnが動作を始め、そのB接点が時間t_2においてオフし、その結果リレーRmの励磁がオフし、そのアマチュアはオフに向かって動作（開放）を始めます。

リレーRnのA接点は時間t_3においてオンし、自己保持動作をします。

開放動作中のリレーRmのA接点は時間t_4においてオフとなります。

このタイムチャートで重要なことは、**リレーRmのA接点（自己保持接点）のオフの時間t_4よりもRnのA接点（自己保持接点）のオンの時間t_3の方がΔtだけ早く、これは、RmとRnがともにオンしている時間がΔtだけある**ということを意味しています。

つまり、RnのA接点がオンして自己保持を完了してからRmの接点がオフするまでの間のΔtが時間的余裕となって、Rnの自己保持動作を確実にしているのです。

第5章 シーケンス制御回路の読み方・書き方

　少し長い説明になりましたが、ここに自己保持動作の継なぎ動作に問題がなく、よほどのことがない限りダミーリレーを付加する必要はないことが明確にすることができ、目出度し目出度しとなりました。

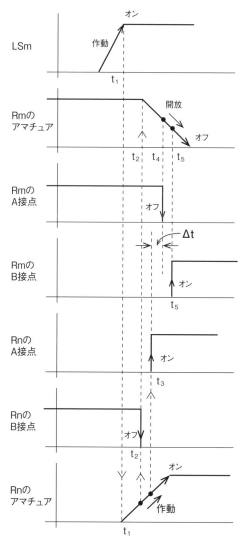

※リレー各部の動作時間の数値は、著者の経験に基づく概略値であり、継なぎ動作の定性的説明のために用いたものであることをご了承ください。

▲図5.46　リレー自己保持の継なぎ動作のタイムチャート

5 5 システム化への挑戦

　前章で、学んだ自動化回路の組み方の基本となる「自己保持回路の継なぎ」の手法によって、いくら複雑な回路でも難なく組み合わせて発展させることができ、必要に応じて高度な制御システムを構築できることが確認できました。
　この手法により、自動運転制御されるメインの装置と、他の働きをするいくつかのサブ装置である自動運転装置とネットワークを組み、連携させるようにして、さらに複雑で高度なシステムを作る「**システム化**」を達成することができます。
　いくつかの**自動運転装置を連動させて行うシステム化**のための第一歩となる基本的な信号授受の方式を示すと図5.47のようになります。

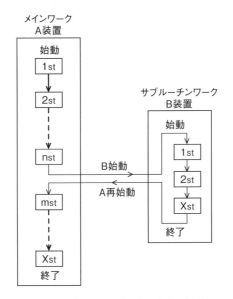

▲図5.47　二つの装置間の信号の授受

　これは、一つのメインワークを行うA装置があり、これと他のサブルーチンワークを行うサブユニットのB装置とが相互に連携をする方式です。
　図において、まずA装置が始動し、制御ステップが進み所定のm番目のステップを

終了した段階で一旦停止し、下位システムであるB装置に「Bスタート信号」を送り、B装置をスタートさせます。B装置は所定の制御ステップを終了した段階で上位A装置に「A装置再スタート信号」を送り返し、A装置を再スタートさせます。

A装置は再スタート後、nステップ以降のステップを終了して、このシステムに予定された工程を終了します。

この連動運転は、メイン装置とサブ装置とが1対1の連携をする最も基本となる連動でしたが、これを発展させた形の「**複数のサブ装置との連携による連動運転**」があります。

その連携の方式には基本的に二つの形があり、その第一は、直列方式と呼ばれる方式で、メイン装置につながる一番目のサブ装置Bに、さらに下位のサブ装置Cが直列につながる形となっている方式であり、階層状に構成されていることから**階層方式**とも呼ばれている方式です。

信号授受の手法は、もちろん基本方式と変わりはありません。

第二の方式は、図5.48に示すように複数の下位サブ装置が移送装置によって機械的につながっていて、中央監視制御装置であるA装置によって、これらの各下位サブ装置と各搬出入送装置や移送装置との全体の稼働を監視制御する方式です。

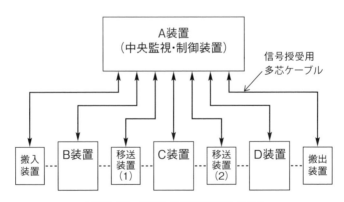

▲図5.48　並列方式の連動運転システム

ワークの流れは直列の形になっていますが、各サブ装置の制御回路と各搬送装置の制御回路は中央監視制御装置と並列につながっている**並列方式**となっています。

図5.48の例は、下位サブ装置が3台の場合の例ですが、一つのワークの総稼働ステッ

プ数があらかじめ3段階に分割プログラムされていて、分割された各段階のプログラムは三つのサブ装置によって順次稼働が進められます。

したがって、この三つのプログラムの個々の稼働時間をできるだけ等しくすることが肝要であり、その結果稼働時間を約1/3に短縮することができます。

各装置の稼働の始動と終了は、中央監視制御装置によって制御され、各装置による稼働がすべて終了すると搬入と移送（1）および（2）と搬出とが一斉に働き、次ステップの稼働の始動が指令されます。

この方式では、入力側のコンベアよりワークを取り出す搬入装置から最終段階の搬出装置までの各機械は直列につながっていて、各サブシステムの制御装置は、中央管理制御装置と並列につながっている並列システムとなっています。

このシステムの形は、一般的に連続大量生産に用いられることが多い方式であり、連動するサブ装置の総数をn個とすると、**1個のワークの稼働時間が1/nとなること**が最大の特長です。

以上基本となる方式と合わせて三つの連動システムの形を説明しましたが、連動するサブシステムの数や配置上の位置についての制約は特になく、また階層の数についても制約はありません。

並列方式の場合は、稼働時間を短くするために**連動する各装置の稼働時間ができるだけ等しくなるようにプログラム**されることが肝要です。

当然のことながら、連動するサブシステムの数が増え、システム構造が複雑になればなるほど、**信号授受の信頼性**が重要になります。

運転を担当する複数のオペレータ全員が、システム全体の稼働状況を常時知り得る環境にあることが不可欠であり、そのためのシステム全体の稼働状況を監視をする表示装置をどのように作り、そして配置するかが重要になります。

また、どこかのシステムが異常状態に陥ったとき採るべき行動、つまり全システムを停止させるのか、あるいは一時停止させるのか退避するのか、さらに関連するシステムへの警報の発信をどうするかなどについても十分検討をし、準備をしておく必要があります。

このとき、**シーケンス制御の知識と経験がものをいう**ことになります。

第**5**章　シーケンス制御回路の読み方・書き方

5 | 6 | インターロックのとり方

　機械や装置はどんなに性能がよくても、またどんなに効率がよくても安全でなければ使うことはできません。

　人間が操作する以上、誤操作もあります。制御器具や部品の誤動作もありますし、機械の故障もあります。しかし、どのようなことがあっても、人間に対して安全でなければなりませんし、機械や装置が破損してはなりません。

　安全に対するこのような配慮を「**フールプルーフ**（Foolproof）」といいます。フールプルーフにするための第一の手段が、インターロックなのです。

　インターロックについては、すでに電動機回路の可逆運転のところで学びました。

　この可逆運転回路では、正転用電磁開閉器と逆転用電磁開閉器が、絶対に同時に入らないように電気的に安全を確保する回路でした。

　機械的に反対の運動をする装置どうしが衝突してはなりませんし、ある装置の移動線上にほかの移動体が前進してきて衝突してはなりません。また、オペレータが危険区域内に入ってきたら、直ちに機械の運転を止めなければなりません。

　さらに、制御盤などの電気装置の扉が開いていたら、いっさいの運転はできないようにしなければなりません。

　このように、一口にインターロックといっても、いろいろなケースがあります。しかし、その手法は基本的に変わりはありません。

　次に、いくつかの代表的な例を説明しましょう。

● (1) 反対動作のインターロック

インターロックの基本中の基本は、何といっても反対動作のインターロックです。

　相反する動作のための二つのリレー（または電磁開閉器）が、互いに自己の持つ接点（B接点）で相手のリレー（または電磁開閉器）の回路を切るようにします。これが結果的に、先優先回路になっていることは、すでに学んだとおりです。

　機械各部の移動方向が反対であるとか、回転方向が逆であるとか、あるいは二つの電磁開閉器で電気回路を短絡してしまう場合などは、分かりやすいので問題はありません。

185

しかし、**一般的には反対動作とはいわない動作で、インターロックをしなければならないケースも少なくありません。**

図5.49は、そんな例の一つです。

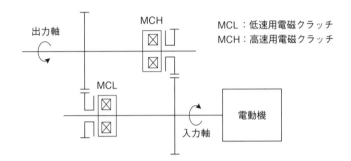

▲図5.49　電磁クラッチによる変速装置のインターロック

ギアで2段変速し、電磁クラッチによって、どちらかのギアと連結するかを選択するものです。

この変速装置で、もしも二つの電磁クラッチが同時に入るとロック状態になり、駆動側の電動機は過負荷になります。駆動側のトルクが強ければ、電磁クラッチは焼損してしまいます。

電磁ブレーキを使用した装置も、同様なインターロックが必要です。

電磁ブレーキ付き電動機では、電動機駆動用電磁開閉器と電磁ブレーキ用電磁接触器とが同時に入ってはなりません。

また、送り機構に用いられるユニットで、駆動用電磁クラッチと制動用電磁ブレーキとを結合したいわゆるクラッチブレーキがありますが、この場合もクラッチとブレーキが同時に入らないようにしなければなりません。

このように、同時に動作しないようにしなければならないケースは、意外に多いので注意が必要です。

● (2) 機械的干渉を避けるインターロック

　高度に自動化された現場で、機械や装置に挟まれた狭い空間を、ワーク着脱用のハンドリングロボットが、激しく動き回る光景を見ることは珍しいことではなくなりました。

　入り組んだ経路を、衝突することなく動作させるためには、絶対にミスしないようインターロックが欠かせません。図5.50はこんなときに用いられる基本的なインターロックの例です。図(a)において、搬送装置F1は、電動機と可逆電磁クラッチとによって、摺動台上を左右に移動します。搬送装置上にはワークを上下させる昇降装置F2があり、やはり電動機と可逆電磁クラッチとによって上下に移動します。Hは、構造物で障害物です。

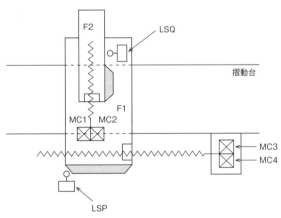

(a) 搬送装置と障害物

▲図5.50 (a)　機械的干渉を避けるインターロック

　F1の左右のストロークエンドには、それぞれリミットスイッチLSLおよびLSRが、F2の上下のストロークエンドには、LSUとLSDが取り付けられていて、衝突や脱落を防いでいます。

このストロークエンドのリミットスイッチ以外に、F1の移動線上に位置検出用リミットスイッチLSPが、そしてF2の移動線上にはLSQが取り付けられています。

図5.50 (b) は、LSPとLSQとによって、障害物Hに衝突しないで安全にF1とF2の走行を制御するインターロック回路です。

まずF1の回路ですが、F2がHを避ける位置まで降下してLSQが復帰してONすると、F1は左右方向に自由に走行が可能です。

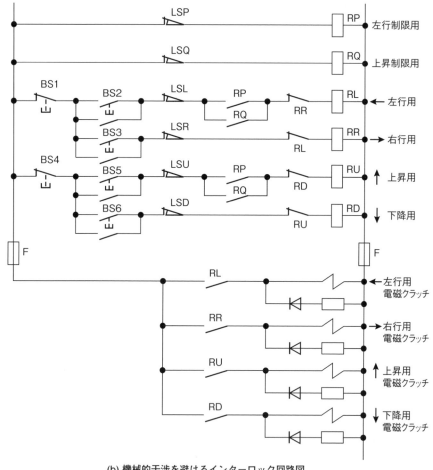

(b) 機械的干渉を避けるインターロック回路図

▲図5.50 (b)　機械的干渉を避けるインターロック

しかし、F2が上昇してLSQがOFFすると、F1はLSPが動作（OFF）する位置より左には移動できません。

F2は、F1が十分右に移動してLSPが復帰してONすると、F2の上下方向の走行は自由になります。

十分右にという位置は、F2が上昇してもHに衝突しない位置です。

F1が左の位置にいて、LSPが動作してOFFしていると、F2はちょっと上昇してすぐLSQが動作（OFF）して停止し、それ以上は上昇できません。つまり、Hに衝突する前に停止して、安全を保つことができます。

回路としては、比較的簡単な回路ですが、文章にするとこんなに長くなる内容が含まれているのです。

これがシーケンス制御回路の凄いところです。

◉ (3) 時間に関するインターロック

連続して材料が送られてきて、それを加工処理して送り出すライン制御のような場合、不具合が発生すると大混乱に陥ります。また、状況によっては、さらに大きな事故に発展することがあります。

こんな事態に陥らないように、いち早く不具合を発見し、前後の機械や装置に信号を送り適切に処理する必要があります。

この不具合を「時間」によって検知して、ライン制御の円滑化を図ろうとするインターロック回路を説明します。

図5.51は、タイマを使用したインターロック回路の例です。

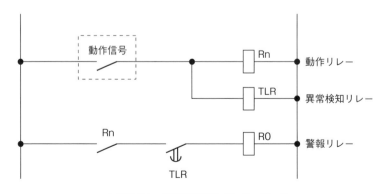

▲図5.51　時間に関するインターロック

図においてリレーRnは、ある加工処理動作のスタートでONし、終了でOFFするリレーです。

　タイマTLRは、Rnと同時に動作して、時間計測動作を開始します。

　TLRのタイムアップより早く、つまり予定時間以内でRnがOFFすれば、何ごとも起きず、そのまま次の動作に移行します。

　RnのON状態が予定時間を過ぎて、TLRの設定時間を超えると、RnのA接点とTLRのA接点とにより、警報リレーRoが働き、警報信号を必要なところに送出することができます。

　この回路では、装置が正常の場合、常にRnのON時間、つまり加工処理時間が一定でバラツキが少なく安定していることが条件です。

　タイマの設定時間は、加工処理時間より長くなければなりませんが、どのくらい長く設定するかは、ラインが必要とする安全性と加工処理時間の安定性との関係によって定まります。

● (4) デュアルサーキットによるインターロック

　24時間フル稼働する高速高頻度の制御動作の機械で、制御装置の誤動作などによる事故の発生が絶対許されないという厳しい条件を課せられる場合があります。

　制御器具の劣化による接触不良や、電源の異常などによって発生する制御系の誤動作は避けられません。

　デュアルサーキットはこのような場合に、誤動作をいち早く察知して事故の発生を防いだり、被害を最小限度にくいとめたりする目的で用いられる高度に工夫されたインターロック回路です。

　高信頼性を目的として多数の制御器具を用いて構成され実際に機械を駆動制御するメイン回路と、まったく同一の制御動作をする制御回路のみのサブ回路とを設け、この2組の制御回路を同時並行して運転を続けさせます。

　この運転状態において、**メインとサブのどちらの制御回路に異常が発生しても直ちに停止させて被害を最小限度にとどめる**というものです。

　この異常検知の原理は、図5.52に示す**不一致検出回路**です。

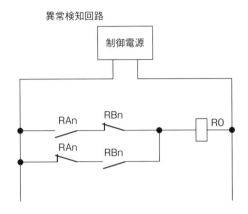

▲図5.52　デュアルサーキットによるインターロック

　互いに同一のn番目に動作する二つのリレーRAnとRBnとの動作に違いが発生すると、その瞬間に出力リレーR0が動作して不具合の発生を知ることができます。

　何番目のリレーを用いるか、また何個設けるかは豊富な経験に基づくノウハウによるものであることはいうまでもないことです。

> **Column　企業の盛衰**
>
> 　近年、日本経済を引っ張って来た名立たる大企業に、その栄光に影を射す不祥事が目立ってきています。
> 　企業の盛衰はいつの世にもあることですが、平家物語の序文の一節に「驕れる人も久しからず ただ春の夜の夢の如し」とうたわれているように、過去の栄光に酔う「驕れる人の集団」に陥ってしまったのでしょうか。
> 　著者が新入社員時代の会社、かの池貝鉄工も、今思えば工作機械業界における名声に甘んじ、来るべき無人化省力化時代の到来を見過ごし、これを迎えるための体制を作れなかったことにより、時代から見放され市場から消えていきました。
> 　企業の人的構成はピラミッドですから、問われるべきは、いつの世もその頂点にある人と、その人を支える精鋭達の責任であることは論を待つまでもないことです。

シーケンス制御回路設計上の注意

前節まで基本論理回路や電動機制御回路など、基本的なシーケンス制御回路について学んできました。

制御回路を設計する際には、制御対象である機械や装置の目的や性格などを十分に把握し、操作性がよく信頼性も高く、そしてコストパフォーマンスの高い制御装置にしなければなりません。

また、故障や事故を起こさないようにすることはもちろん、たとえ起きたとしても、その影響や被害を最小にするような、きめ細かい配慮が必要です。

万全を尽くしたつもりでも、机上の空論に過ぎなかった場合もありますし、現場で思いもよらない操作をされて、安全上の欠陥が出てしまった場合などもあります。

ここでは、設計時になかなか気がつきにくい問題点を、いくつか取り上げて説明しましょう。

● (1) 制御回路電圧

小規模で簡単な制御装置の場合、例えば電磁開閉器やリレー、タイマなどの合計数が5〜6個の回路のような場合には、制御回路の母線は、主回路から直接引き出して使いますので、制御回路電圧もAC200Vをそのまま使用していることがあります。

規模が大きくなるにつれて、専用の絶縁変圧器を経由して制御回路を独立させたり、さらに入力回路や出力回路を分離したりして、安全性やチェックの容易性の向上を図ります。

制御回路には、人の手に触れる操作スイッチや外部配線を経由するセンサなどが接続されていますので、安全性を考慮して、**制御回路電圧はできるだけ低くすることが必要です。**

標準として用いられている制御回路電圧は表5.4のとおりです。

第**5**章　シーケンス制御回路の読み方・書き方

	制御電圧 (V)	多く使用されている制御電圧	望ましい制御電圧
AC	200 (50/60Hz)	○	
	100 (50/60Hz)	◎	○
DC	110	△	
	48	△	
	24	◎	○

▲表5.4　制御回路電圧

● (2) 制御器具（接点）の電流容量

　電磁開閉器の大きさ（電流の開閉容量）は、負荷である三相誘導電動機の容量に合わせて選定することはよく知られており、間違うことはあまりないようです。しかし、リレーやセンサは注意が必要です。

　リレーやセンサには、開閉できる電流値、つまり定格電流値が表示されています。この定格電流値は、負荷電流が、ACかDCかによって異なります。開閉できる電流の大きさが、DCの場合は、ACの場合の1/10ぐらいに制限されるのが普通です。

　ソレノイドバルブ（DC）のような負荷の場合は、特に注意が必要です。また、ラッシュカレントにも注意が必要です。

　白熱電球や蛍光灯は、投入時には定格の数倍の電流が流れます。電磁開閉器の電磁コイル（AC）やソレノイドバルブ（AC）のような誘導負荷の場合も同様です。

　負荷電流に対して、十分余裕を持って選定しないと、接点が消耗して寿命が著しく短くなることがありますので注意が必要です。

● (3) リレー接点の信頼性を向上させる使い方

　接点の開閉能力は、その開閉すべき負荷の電気的性質（負荷電流の大きさも含めて）によって大きく影響されます。

　リレーやセンサの場合、主たる機能は信号を確実に伝えることです。接点の信号を伝える信頼性、つまり接触信頼性は、その装置全体の信頼性に係わる重要な問題です。

　接触信頼性を悪くする一番大きな原因は、誘導負荷の電流（特にDC）をしゃ断するときに発生する逆起電力による火花です。火花によって、接点の接触面に絶縁性の被膜が構成されるのです。この逆起電力は、ノイズの原因にもなるものです。

193

図5.53 (a) は、逆起電力を吸収して、火花とノイズを小さくするために、負荷の電磁コイル (誘導負荷) にスパークキラーを接続したものです。

同図 (b) は、同一リレーの接点を2個直列に接続して、等価的に接点の開閉速度を速くして、火花を小さくする回路です。

同図 (c) は、同一リレーの接点を2個並列に接続して、接触信頼性を高めた回路です。

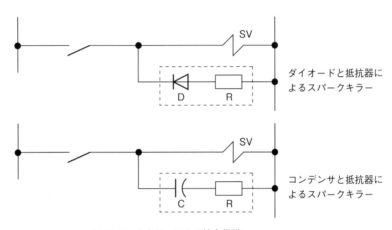

(a) スパークキラーによる接点保護

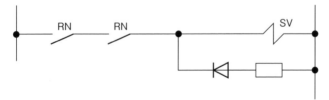

(b) 同一リレー接点を2個直列接続した接点保護

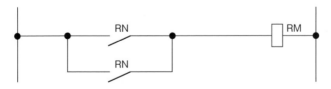

(c) 同一リレー接点を2個並列に接続して接触信頼性を向上させた回路

▲図5.53　リレー接点の信頼性を向上させる使い方

● (4) 信号（接点）のチャタリングの影響を除去する回路

　接点が接触する瞬間を厳密に見ると、電磁力によって、可動接点（金属）が固定接点（金属）に衝突するので、機械的に弾んで、激しくON-OFFを繰り返します。

　非常に短い時間の現象ですから、普通の場合、ほとんど問題にはなりません。

　しかし、センサの場合は、設定値近辺でチャタリングを起こす場合が少なくありません。

　この信号を受けて、電動機を負荷とする電磁開閉器が激しくON-OFFを繰り返すと、電磁開閉器接点が消耗したり、電動機が過熱したりします。

　図5.54は、タイマを用いて、このような場合のチャタリングの影響を受けないようにした回路です。

　図のように、センサの信号をリレーRを介してオフディレータイマTLRで受けて、オフディレー接点でMCを制御します。信号OFFのときの応答は、タイマの設定時間だけ遅れます。

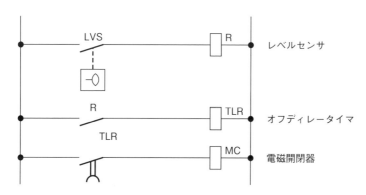

▲図5.54　オフディレータイマを利用したセンサ信号のチャタリング防止回路

● (5) 停止のための回路の原則

　停止には操作上普通に発生する「停止」と、異常事態の発生時の「非常停止」とあり、用いる信号接点としては、どちらの場合も各器具のB接点を使用することが安全上の原則になっています。

1) 押しボタンスイッチによる停止

これは図5.55に示すように、押しボタンスイッチなどの操作器具は機械や制御装置と離れた位置に設定されることが多く、制御盤までは外部配線を用いますので、事故による断線の可能性があり、さらに押しボタンスイッチのそのものが故障することもあり、その場合A接点では停止信号を送ることができません。

B接点を使用した回路では、故障や断線が発生した場合も停止信号を発したことになり、安全を全うすることができるからです。

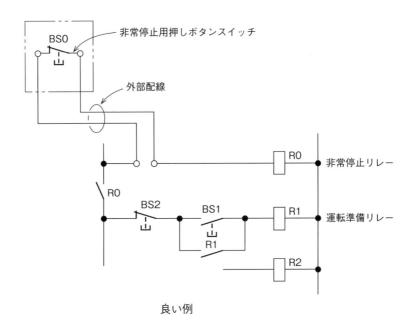

▲図5.55　非常停止回路

2) リミットスイッチによる停止

図5.56 (a) に示すように、停止信号として使用するリミットスイッチの接点はB接点でなければなりませんが、この回路において、例えば信号接点を増やす必要があるなどの制御回路上の都合で「停止信号」をリレーで受けなければならないことがありますが、この場合でも同図 (b) に示すようにリミットスイッチはB接点を用い、停止信号を受けるリレーがほかの回路部分に送る停止信号としてはA接点でなければなりません。

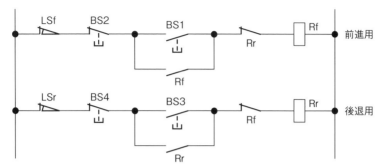

LSf：前進端リミットスイッチ
LSr：後退端リミットスイッチ

(a) リミットスイッチの使用法1

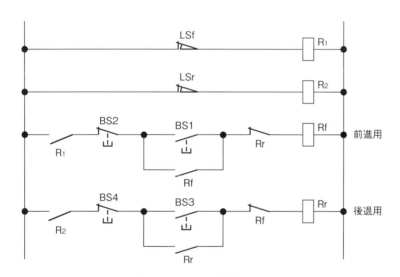

(b) リミットスイッチの使用法2

▲図5.56　リミットスイッチ回路

(6) 安全な停止のための動作方向

　機械や装置は、通常の停止のほかに、運転中に発生した予期しない危険な事態に陥ったときにも、採るべき措置としてまず頭に浮かぶのは「停止」です。

そしてこの停止は、機械の構造や制御回路によって確実にかつ安全に停止をさせる方法になっていなければなりません。

　機械は、その構造やそのときの動作によってはその機械を直ちに停止させることによって不具合を発生する場合があり、その場合は、停止させる前にその不具合の発生を、防止することができないかをあらゆる角度から考えておく必要があります。

　機械や装置が、複雑な構造をした高性能なものであればあるほどこの検討の成果は重要です。

　このように、安全な停止のさせ方は意外にやさしくはないことが分かります。

　ここでは停止のさせ方の工夫について考えます。

1）送り制御に4ポート2位置式ソレノイドバルブ（片ソレ）を用いる方法

　図5.57に、送り制御用として片ソレを用いる方法を示します。

　この送り制御では、2位置式ソレノイドバルブの特性により、前進中に停止させると直ちにバルブスプールが後退し、当然停電のときにも同様に直ちに後退します。

　停止や停電によって空気圧発生用の電動ポンプが停止しても、電動機のポンプに残る残留空気圧によって後退を続けます。

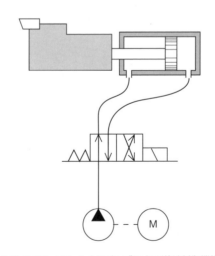

▲図5.57　ソレノイドバルブによる送り制御機構

第**5**章　シーケンス制御回路の読み方・書き方

2) 適切なタイプのブレーキの選定

　電動機により送り制御をする方式などにおいて、電動機を停止させるために用いるブレーキにはオンブレーキとオフブレーキがあります。

　この両者の特性を生かした使い方をしなければなりません。

　オンブレーキは、電磁石の力で摩擦板を圧接して制動トルクを発生させる電磁ブレーキであり、オフブレーキはスプリングの力で制動トルクを発生させておいて、電動機を始動させるとき電磁石の力で摩擦版を切り離して制動トルクを0とする方式のブレーキです。

　オンブレーキは電流を加減することによって制動トルクを加減することができる特長がありますが、停電のときは制動トルクは0で制動効果は0です。

　一方オフブレーキは電流をオフしたとき制動とトルクが働くブレーキですから、停電が発生したときでも確実に制動の働きを発揮するという特長があり、このことからクレーンやリフターのような上下動作をする搬送装置などになくてはならないブレーキです。

　表5.5に、電磁石の作動と停止動作の方向の関係を示します。

動作＼励磁	オン	オフ	備考
始動－停止	始動または運転	停止	
高速－低速の切換え	高速	低速	
前進－後退の切換え	前進（刃物などに近付く）	後退（刃物などから遠ざかる）	
クランプ（1）	ゆるめ	しめ	ゆるむと危険な場合
クランプ（2）	しめ	ゆるめ	必要なときにゆるまないと危険な場合
ブレーキ	ゆるめ	しめ	クレーンのブレーキの場合

▲表5.5　電磁石の励磁と動作方向

6

シーケンサ入門

6-0 プログラマブルコントローラ

「シーケンサ」は、シーケンス制御専用の「工業用コンピュータ」で、日本ではシーケンサという呼び名が一般化しています。正式名称は、日本電機工業会において「**プログラマブルロジックコントローラ**（PLC・Programmable Logic Controller）」と定められています。

シーケンサは、1968年にアメリカのGM（General Motors）社が、自動車生産のモデルチェンジのときに発生する、膨大な数の設備機械の変更改造をスピードアップすることを目的として開発に成功し、実用化の先鞭をつけました。

当時日本には「**ソフトワイヤドコントローラ**（Soft Wired Controller）」として紹介され、注目されました。

日本では、1970年に国産機が誕生しました。しかし、コストパフォーマンスの面や使用環境に制約があるなどの理由から、その利用は一部の分野に限られていました。

1976年に三菱電機株式会社が、コンパクトでコストパフォーマンスの面でも優れた「ワンボードシーケンサ」を発表し、過酷な環境の機械現場でも十分に使用できることを立証し、日本における普及の端緒を築きました。

以後、制御機器メーカ各社が競い合って開発を進め、目を見張る進歩を遂げ、利用分野も広がり、さらに質量ともにとどまるところを知らぬ勢いで発展し続けています。

6.1 シーケンサとは何か

シーケンサは前述のとおり、シーケンス制御用コンピュータです。

ユーザプログラムであるシーケンスプログラムの作成、組込み、あるいは読出しやプリントアウトといった情報処理的扱いの面から見ると、オフィスなどで使われている一般のパソコンと変わりません。

一番大きな違いは、機械現場などの過酷な環境下で健全に機能するための対環境性の強さと、コンパクトな形状、配線を含めた制御盤の中への組み込みやすさなどについて、ハードウェア的に特別な考慮が払われていることです。

さらに、当然のことながら、シーケンス制御のための特有な命令や機能を持ち、プログラムの作成やモニタリングに便利なさまざまの周辺機器が用意されていることです。

図6.1は代表的なシーケンサの外観図です。

では、シーケンサがどんなもので、シーケンス制御システムの中でどのような位置にあって、どのような役割を果たすものかを、具体的に説明をしましょう。

第1章でシーケンス制御における信号の流れについて学びましたが、ここでもう一度振り返って見てください。

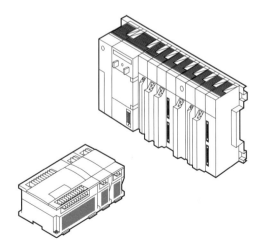

▲図6.1　代表的な二つのタイプのシーケンサ

シーケンス制御系で扱う信号には、制御装置を中心にして、入力信号と出力信号があります。図6.2は、この観点から整理した信号の流れ図です。

　リレーシーケンスでは図6.3に示すように、押しボタンスイッチやリミットスイッチからの入力信号接点や、その信号を受けて働くリレーによる論理判断回路も、そしてその論理判断結果である機械への命令信号である出力信号接点も、さらにその出力信号を受けて働く電磁開閉器なども、すべて一緒になって一つの制御回路を構成しています。これらの各機器やその接点は、配線で、ハードウェア的につながっています。

　これに対して、シーケンサではどのようになっているのでしょうか。

　図6.4は、シーケンサを用いた場合の信号の流れ図です。信号の流れそのものには変わりはありませんが、制御回路の構成が変わっています。

入力信号を受け入れる入力部と、**論理判断を行う制御部**と、**外部へ命令を出す出力部**とから構成されています。

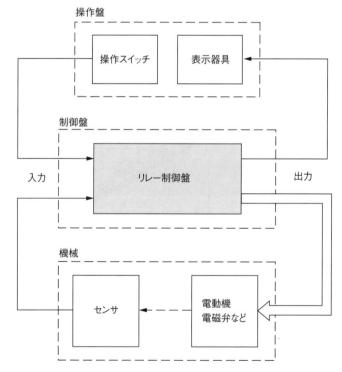

▲図6.2　シーケンス制御系の信号の流れ

第**6**章　シーケンサ入門

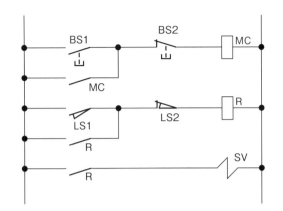

▲図6.3　リレーシーケンス制御回路

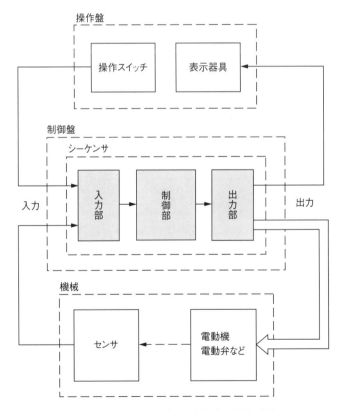

▲図6.4　シーケンサを用いた場合の信号の流れ

205

この三部の構成と役割を、分かりやすくリレー回路図で表すと、図6.5のようになります。シーケンサでは、表6.1のようなシンボルを使います。

電源などは表現せず制御機能のみを表していますが、図6.3の制御回路の機能と、まったく同一であることが分かると思います。

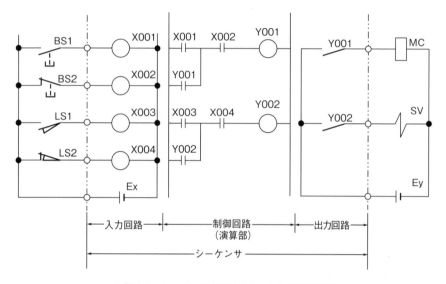

▲図6.5　シーケンサを用いたシーケンス制御回路

	リレーシーケンス	シーケンスプログラム
A接点	─╱─	─┤├─
B接点	─╲─	─┤╱├─
コイル	─▯─	─○─

▲表6.1　シーケンスプログラムで用いるシンボル

そして**シーケンサのシーケンサたるところは、この論理判断を行う制御部が、コンピュータでできていること**です。内部は、主としてマイクロプロセッサとROMやRAMなどのメモリで構成されていて、制御回路はソフトプログラムで作ります。

したがって、パソコンを扱うのと似たような操作で、簡単に制御回路を作ることができ、プログラムの変更や追加などもいつでもどこでも自由自在にできるのです。

もちろん、オフラインで制御回路を設計し、シミュレーション後、完成させて、これをROMにしておいてタイムリーに現場で装置に装着して試運転をし、修正の必要があれば、その場で直接修正しながら、システムを完成させることもできます。

ソフトワイヤドコントローラという呼び方がピッタリですね。これがシーケンサなのです。

Column　FA史に輝くエポックメーキング

戦後復興間もない1950年代に産業界に無人化省力化の機運が高まり、主として工作機械を中心にした産業分野でFA (Factory Automation) 化が進み、人々の予想をはるかに超えて急速に進歩を遂げ、半世紀を超えた今日もなお進歩を続けています。

このおよそ70年間のFA史上に、エポックをもたらした画期的な製品をあげると下記のようになります。(著者の独断と偏見による選定であることをお許しください)

1 電気油圧パルスモータ　ファナック株式会社
工作機械の数値制御の分野における画期的な貢献

2 シーケンサ (プログラマブルロジックコントローラ)　三菱電機株式会社
シーケンス制御とシーケンス制御の関連する応用分野への画期的な貢献

3 インバータ　電機メーカ各社
三相誘導電動機の可変速制御の夢の実現に成功

4 パソコン&インターネット　電子機器メーカ各社
パソコンの発明とその普及は産業界はおろか財政界さらには一般市民生活の上にも画期的進展をもたらした

6.2 シーケンサの構成

シーケンサは、基本的に図6.6のように構成されています。

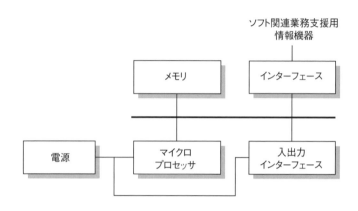

▲図6.6　シーケンサの構成

　シーケンサの入力部は、電子回路で作られており、操作スイッチや検出機器といった外部機器の多様な仕様に対応できるように、いろいろなタイプのものがあります。**入力部は、外部からノイズが侵入しないように、フォトカプラでガード**されています。
　出力部も同様に電子回路でできていて、電磁クラッチや電磁開閉器、あるいは表示器具など外部機器との接続に対応できるように、いろいろなタイプのものがあります。**出力部も、フォトカプラでガード**されています。
　制御部は、専用のマイクロプロセッサ（CPU）と各種メモリで構成されたコンピュータです。ここには、シーケンスプログラムの作成や、モニタリングなどのための、ソフト関連業務支援情報機器（ソフト開発ツール）との接続用インターフェースを備えています。
　シーケンサの、その構成という意味で特徴的なことは、このソフト開発関連業務支援用情報機器が、ハード・ソフトともに、豊富に用意されていることです。

図6.7は、主なシーケンスソフト開発ツールを示します。

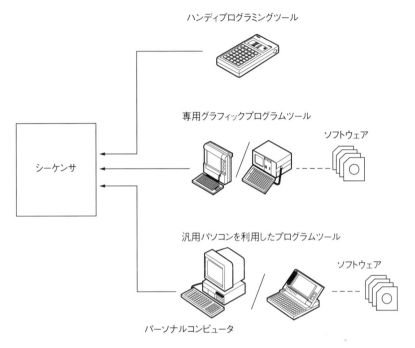

▲図6.7　シーケンスソフト開発ツール

> ### Column　コンピュータ制御
>
> 　コンピュータが普及し、FAの分野への応用もデジタル制御の形で普通のことのようになっています。
> 　シーケンス制御の分野では、シーケンサが普及し威力を発揮していますが、シーケンサはもともと機械現場の悪環境に耐えられるよう配慮されたいわば工業用のコンピュータであり、その意味ではシーケンサを利用したシーケンス制御はコンピュータ制御であるといえます。
> 　回路設計は専用のプログラミングツールを用い、グラフィックディスプレイ上に直接回路を描いて完成させるという形で容易にでき、さらに機械を運転中でもデバッグが可能なようにコンピュータの恩恵を最大限に受けているのです。
> 　この優れたツールも、これを使いこなすためには、シーケンス制御に関する技術知識が不可欠であることはいうまでもないことです。

6 - 3 シーケンサの種類

シーケンサは、非常に数多くのタイプのものが開発され、シリーズ化されています。どのタイプにも共通的なことは、マイクロプロセッサを中心に置いた、シーケンス制御用コンピュータであることです。

したがって、ソフト開発によってどのような分野のいかなる制御システムでも構築できる自由度を持っています。

さらに、最近では、**高度な機能を持つ特殊機能ユニットが開発され、シーケンス制御の範囲をはるかに超えたシステムの構築が可能**になっています。

このようなことから、方式、用途などの観点からの分類は不可能であり、また意味もありません。これはコンピュータですから当然といえば当然のことです。

構造形態から分類すると、次の二つがあります。

(1)ユニット型

小形でコンパクトな小規模システム向けタイプ

(2)ビルディングブロック型

各種入出力ユニットや、特殊機能ユニットなどを組み合わせてシステムを構築できる、高度な大規模システム向け

3.1 ユニット型シーケンサ

ユニット型シーケンサは、小規模システム向けのシーケンサです。小形でコンパクトを目的とするため、一つのケースに電源部、CPU部、メモリ部、入出力部が収納された一体形をしています。

CPUには、基本シーケンス命令20種と、高度なシステムを容易に実現するための応用命令35種(機種によっては90種以上)が用意されています。

また、アナログ入出力ユニットや位置決めユニット、さらには上位機種とのデータコミュニケーションを実現するためのインターフェースユニットなどの特殊機能ユニットが用意されています。

図6.8はユニット型シーケンサの外観図です。

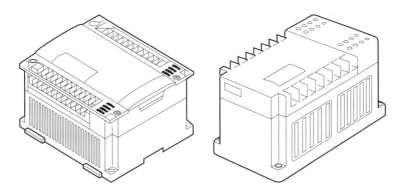

▲図6.8　ユニット型シーケンサの外観

　このタイプのシーケンサの規模を示す入出力点数の最大は、8〜256個です。入出力ユニットの増設や特殊機能ユニットの増設もできますが、制約条件もありますので注意が必要です。

3.2　ビルディングブロック型シーケンサ

　ビルディングブロック型シーケンサは、電源部と、メモリを含むCPU部、入出力部の各構成要素が、ユニット化されています。そして各ユニットは、それぞれがシリーズ化されています。ビルディングブロック型シーケンサは、これらのユニットを選択し組み合わせることで、最適な内容と規模のシステムを構築できるものです。主に大規模システム向けのシーケンサです。

　このシリーズのCPUは、20種以上のシーケンス命令と、プログラム作成を効率化するための命令や、高度な制御を容易に実現するための命令など、合わせて240種以上の応用命令が用意されています。

　また、高度大規模システムの構築を可能にするため、温度調節計ユニットや位置決め制御ユニット、さらに計算機リンクユニットなど高度な機能を持つ数多くの特殊機能ユニットが用意されています。

図6.9はビルディングブロック型シーケンサの外観図です。この図から、選定されたユニットをベースユニットに装着する様子が分かると思います。

　ベースユニットは、各ユニットとCPUとがバス結合されるように、システムバスと結合コネクタとを備えています。また、ベースユニットの種類には、CPUを装着する基本ベースユニットと、増設のための増設ベースユニットがあります。

　対応できるシステムの入出力点数の大きさは、CPUによって決まります。

　このタイプのCPUの入出力点数の大きさは、最大256〜4096点です。

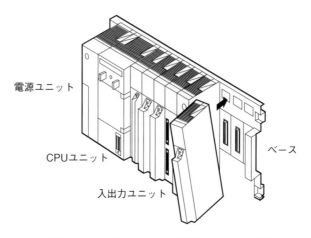

▲図6.9　ビルディングブロック型シーケンサの外観

シーケンスプログラミング

　シーケンサの制御回路は、専用のプログラミングツールによって開発されたソフトウェアでできています。
　したがって、シーケンスプログラミングとは、シーケンサの制御回路を作ることです。でき上がった制御回路のことを、シーケンスソフトといいます。
　シーケンスプログラミングは、定められた手順に従ってキーボード操作で行いますので、電気や自動制御などについて専門の知識がない人にも容易にできます。パソコンなどを使い慣れた人なら、すぐにできるようになります。
　しかし、**シーケンスプログラミングするためには、何といっても、シーケンス制御に関する基礎的な知識・技術を持っていることが条件**です。
　シーケンサのプログラミング方式には、下記の方式があります。

・ラダー方式
・フローチャート方式
・ステップラダー方式
・SFC（Sequencial Function Chart）方式

　この中で、有接点リレー制御回路によく似たラダー方式が、圧倒的に多く使われています。これは、有接点リレーによる制御回路をソフトワイヤドな回路に置き換えるというシーケンサの誕生の由来に起因するもので、長い歴史があり、当然のこととといえます。
　ただこの方式は、シーケンス制御についての知識や経験がある人を対象に開発された方式であり、初心者にとって理解しにくいことは否めません。
　ほかの方式は、この点を考慮して、初心者にやさしい方式として開発され、普及し始めています。

4.1　シーケンスプログラミングの実際

いよいよシーケンサの制御回路の作成入門です。ここでは、下記の二つの理由によりラダー方式で説明を進めます。

・現在、最も多く普及している。

・リレーシーケンスとよく似ている。

ラダー方式は、有接点リレー回路とよく似た回路図方式です。縦に描かれた2本の母線の間に、横書きに回路を作っていきます。そして、この回路を積み重ねて完成した図が、梯子（Ladder）に似ていることから、このように呼ばれています。

ラダー方式のプログラミングには、次の二つがあります。

一つは、**ハンディプログラミングツール**と呼ばれる小形簡易ツールを使い、ニーモニック（命令語）を一つ一つインプットしていくリストプログラミング方式と呼ばれている方式です。

もう一つは、**グラフィックディスプレイを持った本格的な開発ツール**を使い、シンボルキーによりグラフィック画面上に回路図（ラダー図）を描き、それを目で見て確認しながらプログラミングしていく方式です。

いずれの場合も、基本的には、まず所定の用紙にラダー図を書くことから始めます。そしてラダー図を見ながらコーディングし、次にコーディングによって作成したリストプログラムに従ってキーインしていきます。

習熟すれば、ラダー図を書く作業もコーディングする作業も省略することができます。プログラムされた結果は、どちらの場合も同じ結果になります。

図6.10はユニット型シーケンサにプログラミングのため、ハンディプログラミングツールを接続したところを示します。

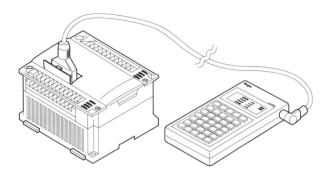

▲図6.10　ハンディプログラミングツールによるプログラミング

● (1) 基本シーケンス命令

　初期の頃の、有接点リレーシーケンス回路をソフトワイヤド回路にするシーケンサが備えていた命令は、いわゆるシーケンス命令のみです。その数も10種に満たないものでした。

　現代のシーケンサは、データ処理や通信あるいはモニタリングなどのコンピュータ機能を生かした高度な命令や機能を持ち、その数は合計で100以上（大規模システム用では250種以上）におよびます。

　ここでは基本シーケンス命令の内、さらに基本的な、シーケンス制御回路の作成に必要なものにしぼって説明します。

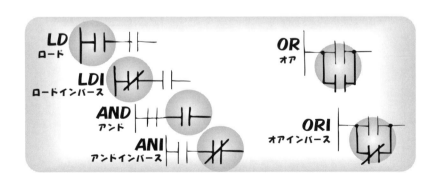

表6.2はその趣旨に沿って選んだ基本シーケンス命令です。

記号、呼称	機　能	回　路　表　示
LD ロード	母線接続命令 a接点	
LDI ロードインバース	母線接続命令 b接点	
AND アンド	直列接続 a接点	
ANI アンドインバース	直列接続 b接点	
OR オア	並列接続 a接点	
ORI オアインバース	並列接続 b接点	
ANB アンドブロック	ブロック間 直列接続	
ORB オアブロック	ブロック間 並列接続	
OUT アウト	コイル駆動 命　令	
SET セット	動作保持 コイル命令	
RST リセット	動作保持解除 コイル命令	
NOP ノップ	無処理	プログラム消去またはスペース用
END エンド	プログラム 終　了	プログラム終了　　　0ステップヘリターン

▲表6.2　基本シーケンス命令（抜粋）

216

この表は、三菱電機株式会社製シーケンサで使用されている基本シーケンス命令の抜粋です。

シーケンス命令の記号や呼び方、そして回路表示などはシーケンサの各製造メーカによって異なり、統一されていません。

また、プログラミングツールの取り扱いやシンボルキーの操作にも違いがありますので、各メーカのマニュアルを熟読する必要があります。

同一メーカの製品の場合でも、使用するプログラミングツールによって、準備手順やキー操作が一部違うことがありますので、専用のマニュアルに沿った練習が必要です。

● (2) キーボードによるシーケンスプログラミング

それでは、キーボードを操作してシーケンス制御回路を作ってみましょう。まず、図6.11の回路を作ります。

図6.11の回路は、外部回路や入出力回路を含めて回路全体を表した図6.12で示したように、シーケンサの制御部の回路になります。

▲図6.11　ラダー図

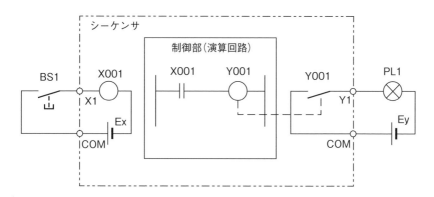

▲図6.12　入力から出力までの全体回路

217

押しボタンスイッチBS1を押すと、シーケンサ入力回路のリレーX001が働き、その接点によってリレーY001が働き、出力接点Y001によってランプPL1を点灯します。

入力回路のリレーX001は、電子回路でできている仮想リレーです。そして制御回路の中の接点やリレーも、コンピュータで動く仮想リレーです。

しかし、これらのシーケンサを構成する電子回路やコンピュータのことは、回路を作る場合、つまりプログラミングする場合には、いっさい知らなくてよいのです。

前章までに学習した**有接点リレーシーケンスのイメージそのままで、制御回路を作ることができる**のです。

LD命令とOUT命令

さて図6.11に戻ります。この回路を作る場合、LD（ロード）命令とOUT（アウト）命令を使います。

まず、LDX1GOとキーインすると、図6.13 (a) の回路ができます。

この命令は、母線に入力信号のA接点X001を接続する命令です。

続いてOUTY1GOとキーインすると、同図 (b) のようになりこの回路が完成します。

このOUT命令は、出力リレーコイルY001を反対側の母線（共通母線）に接続する命令です。

ここでプログラム終了の場合には、ENDGOとキーインします。

プログラム終了の場合は必ずENDGOをキーインします。

X001、Y001は要素番号（デバイス番号ともいい、リレー番号に相当）といい、アルファベットと続く3桁の数字で表します。X1とキーインするとX001とプログラムできるように、操作が簡略化されています。

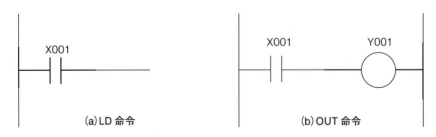

▲図6.13　入力から出力までの全体回路

図6.14は、完成した回路プログラムとリストプログラム、およびキーイン手順を示します。

たったこれだけのことを文章で説明すると、随分と長く感じますが、慣れれば実際のキーイン時間は、ほんの数秒の作業でしかありません。

また、グラフィックディスプレイを持った本格的な開発ツールを利用すれば、画面上で回路を考えることができます。これを使うと**複雑で高度な回路でも、画面上で回路設計をしながらダイレクトにキーイン**していくことができます。

この辺りのことは、パソコンやワープロの操作を覚えて使い始める場合の感じと変わりはありません。

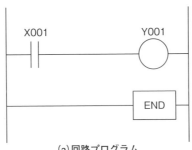

(a) 回路プログラム

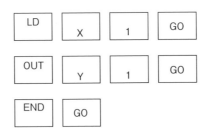

(b) リストプログラム

(c) キーイン手順

▲図6.14　完成したプログラム

LDI命令

　LDI（ロードインバース）命令は、図6.15 (a) のように、母線にリレーのB接点を接続する命令です。

　OUT命令と合わせて、同図 (b) の回路を作ることができます。同図 (c) はリストプログラムです。

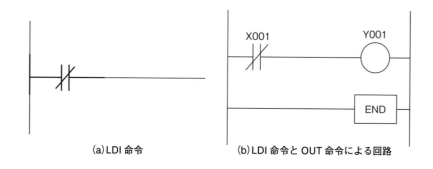

(a) LDI命令　　　　(b) LDI命令とOUT命令による回路

ステップ	命令	
0	LDI	X001
1	OUT	Y001
2	END	

(c) リストプログラム

▲図6.15　LDI命令

AND命令とANI命令

AND（アンド）命令は、図6.16 (a) のように、すでにほかの命令でプログラムされている接点に、新たにA接点を直列に接続する命令です。同じようにANI（アンドインバース）命令は、同図 (b) に示すように、B接点を直列に接続する命令です。

LD（またはLDI）命令とOUT命令と合わせて、同図 (c) のような回路を作ることができます。同図 (d) はリストプログラムです。

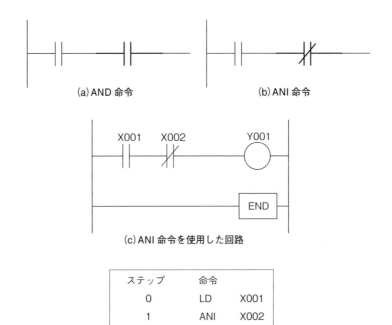

▲図6.16　AND命令とANI命令

OR命令とORI命令

OR（オア）命令は、図6.17 (a) のように、すでにLD（またはLDI）命令などによりプログラムされた接点に、A接点を並列に接続する命令です。

ORI（オアインバース）命令は、同図 (b) のように、B接点を並列に接続する命令で、同図 (c) のような回路を作ることができます。同図 (d) はリストプログラムです。

(a) OR命令　　　　　　　　(b) ORI命令

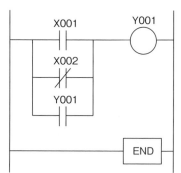

(c) OR命令とORI命令を使用した回路

ステップ	命令	
0	LD	X001
1	ORI	X002
2	OR	Y001
3	OUT	Y001
4	END	

(d) リストプログラム

▲図6.17　OR命令とORI命令

ANB命令

ANB（アンドブロック）命令は、図6.18 (a) のように、いくつかの接点が並列に接続されている回路ブロックと、もう一つの回路ブロックとを、直列に接続する命令です。

ANB命令には、デバイス番号は付けません。同図 (b) は同図 (a) の回路を作るためのリストプログラムです。

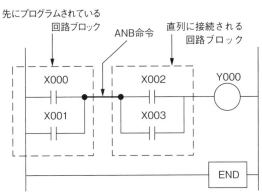

(a) ANBを使用した回路プログラム

ステップ	命令	
0	LD	X000
1	OR	X001
2	LD	X002
3	OR	X003
4	ANB	
5	OUT	Y000
6	END	

(b) リストプログラム

▲図6.18　ANB命令

ORB命令

ORB（オアブロック）命令は、図6.19 (a) のように、いくつかの接点が直列に接続されている回路ブロックに、ほかのもう一つの回路ブロックを、並列に接続する命令です。

ANB命令と同様にデバイス番号は付けません。同図 (b) は、図 (a) のリストプログラムです。

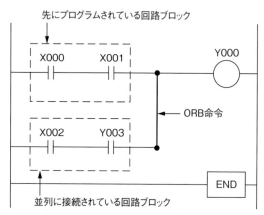

(a) ORB を使用した回路

ステップ	命令	
0	LD	X000
1	AND	X001
2	LD	X002
3	AND	X003
4	ORB	
5	OUT	Y000
6	END	

(b) リストプログラム

▲図6.19　OAB命令

補助（内部）リレーM

外部に信号を出力する必要のないリレー、つまり内部の制御動作のためにのみ必要な補助リレーとしては、Mを使います。

図6.20 (a) に、補助命令Mを使った場合の自己保持回路を、同図 (b) にリストプログラムを示します。

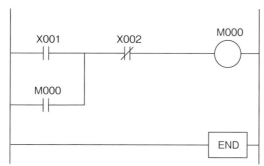

(a) 補助リレーMを使用した自己保持回路

ステップ	命令	
0	LD	X001
1	OR	M000
2	ANI	X002
3	OUT	M000
4	END	

(b) リストプログラム

▲図6.20　補助リレーM

OUTT（タイマ）命令

シーケンサでは、さまざまなタイマ回路をプログラムで作ることができます。

ここでは、図6.21（a）に示すオンディレータイマを例に説明します。同図（b）はそのリストプログラムです。

このリストプログラムの中で、ステップ1がタイマのプログラムです。OUTT命令と設定値「K」に続く、10進数値によって時間を設定します。

本プログラムの例では、単位は0.1秒ですから、入力X002がONしてから15秒後にY003がONすることになります。Kの値は、1〜32,767まで設定でき、単位も0.1秒と0.01秒のどちらかを選定できます。

同図（c）はキーインの説明図です。

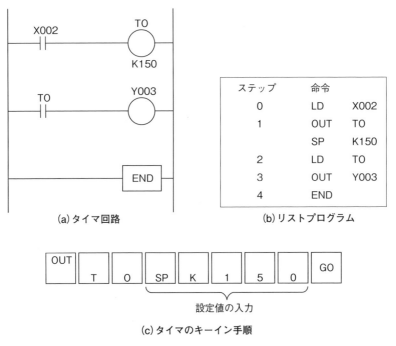

▲図6.21　タイマ回路のプログラム

OUTC（カウンタ）命令

カウンタ回路も、プログラムで作ることができます。図6.22 (a) は、回路図、同図 (b) はリストプログラムです。

ステップ4がカウンタのプログラムで、OUTC命令と設定値「K」に続く、10進数値によってプリセットすることができます。

同図 (c) はキーインを示します。

このプログラムでは、まず入力X001によってカウンタをゼロリセットします。

以後、カウンタは、計数入力接点X003のON-OFFの回数をカウントして設定値に達すると動作し、その結果をY001によって出力します。

リセット入力によって、カウンタの計数現在値はゼロリセットされ、出力接点もOFFします。

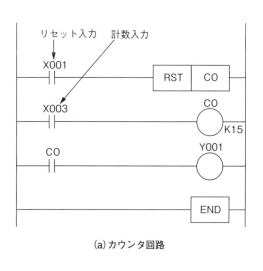

(a) カウンタ回路　　　　　(b) リストプログラム

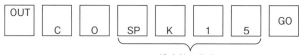

(c) カウンタのキーイン手順

▲図6.22　カウンタ回路のプログラム

その他の命令

以上のほかにも、シーケンサならではの便利でおもしろい命令や使い方がありますが、本書では「シーケンス制御入門」という趣旨に沿って、シーケンサのプログラミングの初歩のまたその一部を紹介するにとどめました。

各メーカでは、分かりやすく工夫したマニュアルを豊富に用意していますし、また初心者のためのトレーニングスクールを定期的に開設しています。

これらを利用して学習することを推奨いたします。

4.2 シーケンスプログラミングの注意事項

前節で、最も基本的なシーケンスプログラムを習いました。

どんなに複雑で高度な回路でも、できない回路はないことが分かりました。もちろん、応用命令を使ったり特殊機能ユニットを使えば、シーケンサという名前からは、想像もできない凄いシステムを構築することができます。

しかし、**リレー回路でできても、シーケンスプログラムでできない回路もあります**。

次にシーケンスプログラムの注意事項を説明します。

プログラムの順序

プログラムは、一命令（一ステップ）ずつ左から右へ、上から下へと進めていきます。

図6.23 (a) のように、直列接続の接点の多い回路は、上に書くことで、より少ないステップで同じ機能の回路がプログラムできます。

並列回路では、同図 (b) のように、左側（左の母線側）に書くことで、ステップを少なくすることができます。

第**6**章　シーケンサ入門

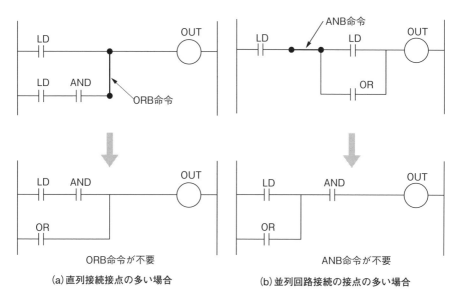

▲図6.23　プログラムの順序

コイルの位置

OUT命令のコイルと右側の母線の間には、接点を書くことはできません。図6.24 (a) は、同図 (b) のように書き換えてプログラムしてください。

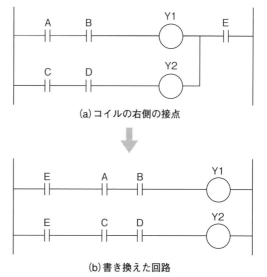

▲図6.24　コイルの正しい接続

ブリッジ回路

図6.25(a)のようなブリッジ回路は、同図(b)のように書き換えてプログラムしてください。

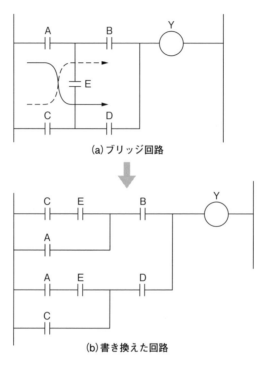

(a)ブリッジ回路

(b)書き換えた回路

▲図6.25　ブリッジ回路の接続

分岐出力回路

図6.26(a)のように、分岐後に接点を通して駆動されるコイルが2個以上ある場合は、同図(b)のようにプログラムしてください。

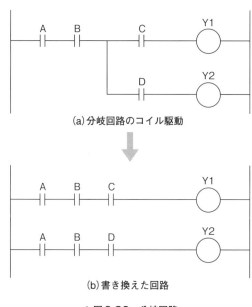

▲図6.26 分岐回路

二重出力

同一デバイスナンバーのOUT命令があった場合は、後ろ側のOUT命令が優先されます。

4.3 ラダー図の実例

シーケンスソフト開発ツールによって作成したシーケンスプログラムの実例を、図6.27に示します。これは、ある自動運転の機械の制御回路の一部（全体の約1/20）を、提出用としてプリントアウトしたものです。設計者以外の人にも読みやすいようにコメントが記入されています。

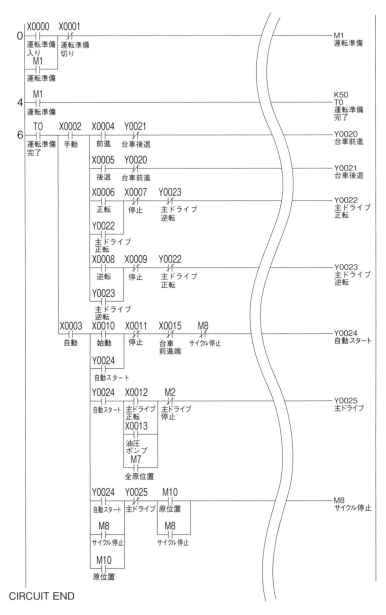

▲図6.27 シーケンスプログラム（ラダー）の実例

シーケンサの選び方

シーケンサの選定をする場合、今計画している制御対象の機械が、新規設計製作の機械か、あるいは過去に製作実績のある機械かによって、考え方が大きく分かれます。

新規製作の場合は、シーケンサの特長を一番大きく生かせる場合ですから、その特長を生かした選定法を考えなければなりません。

製作実績のある場合は、仕様が分かっていますし、追加変更の可能性も分かっていますので、入出力点数を数えるなどして比較的に単順に進められます。

ほかの一般的なシーケンス制御機器や装置と比べ、**シーケンサの際立っている特長は、柔軟性の高いことと、拡張性の高いこと**です。

この二つの大きな特長を生かした選び方をすることが大切です。

5.1 柔軟性

シーケンサの制御回路は、文字どおりソフトで作りますので、オフラインの作業で作ることができます。製造段階において、制御対象である機械や装置が完成していなくても、この作業は進められます。

また、稼働中の機械のソフトの追加や変更も、オフラインでプログラミングを完成させておき、タイミングよく短時間でできます。

このような利点をスピーディに発揮するには、シーケンサ本体だけではできません。あわせて相応な開発支援用周辺機器としてのソフト開発ツールが必要になります。

シーケンサメーカでは、各社ともいろいろな開発ツールを用意しています。

ソフト開発ツールは、次の三つに分類することができます。

(1) ハンディプログラミングツール
(2) グラフィックプログラミングツール (1)
　　汎用パソコンを利用したタイプ
(3) グラフィックプログラミングツール (2)
　　各メーカが開発したシーケンスソフト用専用機

それぞれの概略特徴を表6.3にまとめました。

機種	長所	短所
ハンディプログラミングツール	小型で携帯に便利、安価	慣れないと間違いやすい前後の回路が読みにくいリストプログラムが必要
グラフィックプログラミングツール(パソコンタイプ)	汎用パソコンなのでほかと共用できる(安価)。回路が目で見えるので、正確なプログラムが容易にできる	汎用のキーボードを使用するので命令を覚えなければならない
グラフィックプログラミングツール(専用機タイプ)	ハード、ソフトともに充実、1台のハードでシーケンサ全シリーズに対応できる。正確なプログラムが容易にできる	高価(シーケンスソフト開発以外には使えない)

▲表6.3 シーケンスソフト開発ツールの比較表

5.2 拡張性

プロトタイプの機械や装置を製作する場合、技術的に難解で未解決な部分を残したり、あるいは予算の都合で、ある段階で稼働を開始し、状況に応じて追加変更することはよくあることです。

このような場合の制御機器としては、シーケンサは最適な制御機器といえます。ソフト的拡張性については、ほとんど問題はありません。

シーケンサシステムで拡張性が問題になるのは、ハードウェア的拡張性です。

新規生産システムの開発の段階で、ハードウェア的拡張の余地を設けておくコストは、全体のコストに比べるとほとんど無視してもよい(ネグレジブル)ほどです。

これに対して追加変更の場合は、単にハード的コストにとどまらず、工程上のコストなども合わせて考える必要があり、そのメリットは大きく比較になりません。

したがって拡張の規模、内容、実施時期などについて、予算と合わせて十分検討をしておく必要があります。

システムの拡張には、大別して次に述べる二つがあります。

規模の拡張

操作性の改良のための操作器具の増設、あるいは自動化のレベルを向上させるための各種センサの増設など、主に入出力点数の増設の場合です。

シーケンサ各メーカでは、それぞれいろいろな種類の入出力ユニットを用意しています。

選ぶときは、電圧、電流などの電気的仕様に合わせます。特に出力ユニットでは負荷の電気的仕様のほかに、応答性や寿命についても十分検討して選ぶ必要があります。

規模を拡張する場合は、現時点における拡張に対する入出力の余地点数と、将来の増設可能な点数、そして増設に対応するハード的スペースなどについて検討し、その結果を整理しておくことを推奨します。

制御内容の拡張

シーケンサには、PID調節計のようなアナログフィードバック制御ができるユニットや、工作機械における数値制御のような制御の可能な位置決め制御ユニットが用意されています。

また、計算機リンクユニットなどの情報機器とのインターフェースユニットも用意されています。

さらに、工場内LANやCIMの構築のためのネットワークを可能にした各種ユニットも開発されています。そして、今でも新しい優れた高度機能ユニットが、続々と現れようとしています。

このように多くの新製品が登場する状況の中では、今計画中のシステムに、将来どのような発展の可能性と必要性があるのかを考慮し、シーケンサメーカに対応できるユニットがあるのかなどを、十分検討をしておく必要があります。

したがって、とりあえず現在の計画仕様を満足し、コストパフォーマンスの面から見て最善の選定をし、そして**将来の発展の計画とのバランスを考えた選定**をしておきたいものです。

注：本章「シーケンサ入門」は、三菱電機株式会社がシーケンサ入門を志す多くの若いユーザのために作成した「やさしいシーケンサ」と題する解説書を参考にして編集したものです。
本文作成以後10年以上経ていますので、その間の同社におけるシーケンサ技術の進歩は著しく、シーケンス命令（制御機能）や入出力点数などの仕様上の変更（機能性能の向上のための数の増加など）がなされています。
本章の中では、この辺りの変更改良については反映されていませんのでご了承くださいますようお願いいたします。

資料　巻末資料　JIS C 0617

JIS 電気用図記号　JIS C 0617 (抜粋)

本資料電気図記号は、JIS C 0617 全13巻の中からシーケンス制御に関係の深いシンボルを抜粋し、これを用途や機能にあわせて並べ替え、さらに一部のシンボルについては旧JIS C 0301のシンボルを併記した表にし、利用しやすいように工夫したものです。

● 適用範囲

この規格は、電気回路、機器、施設およびそれらの接続関係を示す図面などに使用する図記号について規定する。

① 導線と導線の接続

No.	名称	図記号		摘要
1	接続点 接続個所	● 03-02-01		導体の接続
2	端子	○ 03-02-02		
3	T接続	様式1	03-02-04	導体の分岐
		様式2	03-02-05	
4	導体の二重接続	様式1	03-02-06	導体の交わり （接続する場合）
		様式2	03-02-07	
5	導体の交わり			接続しない場合

237

② 装置・接地

No.	名称	図記号	摘要
1	**機器または装置**	02-01-01	記号の中に種類を表す文字または図記号を記入する。 ― 装置 ― デバイス ― 機器部品 ― 構成部品 ― 機能
		02-01-02	
		02-01-03	
2	**囲い**	02-01-04	記号の中に種類を表す文字または図記号を記入する。
		02-01-05	
3	**しゃへい（シールド）**	02-01-07	次のように表してもよい。
4	**接地（一般図記号）**	02-15-01	
5	**フレーム接続シャシ**	02-15-04	
6	**等電位**	02-15-05	

資料 巻末資料 JIS C 0617

③ 電源・回転機

No.	名称	図記号		摘要
1	**1次電池** **2次電池** **1次電池または** **2次電池**	06-15-01		
2	**交流電源**			
3	**ブラシ**	06-03-04		
4	**2巻線変圧器**	様式1 06-09-1	単線図用	
		様式2 06-09-02	複線図用	
5	**半導体ダイオード**	05-03-01		
6	**回転機** **（一般図記号）**	※ 06-04-01	※は次の文字記号の中の一つで置き換えて使用する。 C：回転変流幾 G：発電機 GS：同機発電機 M：電動機 MG：発電機または電動機として使用できる回転機 MS：同機電動機	

③ 電源・回転機 (続き)

No.	名称	図記号	摘要
7	三相かご形誘導電動機	06-08-01	

④ 抵抗・コンデンサ・インダクター

No.	名称	図記号	摘要
1	抵抗器 (一般図記号)	04-01-01	
2	可変抵抗器	04-01-03	
3	摺動接点付き 抵抗器	04-01-07	ポテンショメータと同じ
4	コンデンサ (キャパシタ)	04-02-01	
5	可変コンデンサ	04-02-07	
6	インダクターコイル 巻線 (リアクトル)	04-03-01	
7	磁心入りインダクター	04-03-03	

資料 巻末資料 JIS C 0617

⑤ 接点・開閉スイッチ

No.	名称	図記号		摘要
		JIS C 0617	旧 JIS C 0301	
1	接点 （一般図記号として 使用してもよい）	07-02-01		A接点（メーク接点）
		07-02-03		B接点（ブレーク接点）
		07-02-02		A接点（メーク接点）
				B接点（ブレーク接点）
2	自動復帰しない接点 残留機能付き接点	07-06-02		A接点（メーク接点）
				B接点（ブレーク接点）

241

⑤ 接点・開閉スイッチ (続き)

No.	名称	図記号		摘要
		JIS C 0617	旧JIS C 0301	
3	非オーバラップ切換え接点	07-02-04		
	中間オフ位置付き切換え接点	07-02-05		
4	限時動作瞬時復帰接点	07-05-01		メーク接点
		07-05-03		ブレーク接点
5	瞬時動作限時復帰接点	07-05-02		メーク接点
		07-05-04		ブレーク接点
6	限時動作限時復帰接点	07-05-05		メーク接点

資料 巻末資料 JIS C 0617

⑤ 接点・開閉スイッチ (続き)

No.	名称	図記号		摘要
		JIS C 0617	旧 JIS C 0301	
7	**継電器巻線** **（一般図記号）**	様式1 07-15-01 様式2 07-15-02		継電器コイル作動装置
8	**押しボタンスイッチ**	E-- 07-07-02		自動復帰接点 メーク接点
		E-¬		自動後復帰接点 ブレーク接点
9	**ひねりスイッチ** **（非自動復帰接点）**	⌐F- 07-07-04		メーク接点
10	**手動操作スイッチ** **（一般図記号）**			手動操作残留接点 （メーク接点）
				手動操作残留接点 （ブレーク接点）

243

⑤ 接点・開閉スイッチ (続き)

No.	名称	図記号 JIS C 0617	図記号 旧JIS C 0301	摘要
11	多段スイッチ	07-11-05		位置数の少ない場合に使用
		07-11-04		位置数の多い場合に使用

⑥ 電力用開閉器

No.	名称	図記号 JIS C 0617	図記号 旧JIS C 0301	摘要
1	電磁接触器	07-13-02		電磁接触器の主メーク接点
		07-13-04		電磁接触器の主ブレーク接点
2	しゃ断器	07-13-05		単線図用
				複線図用

244

資料 巻末資料 JIS C 0617

⑥ 電力用開閉器 (続き)

No.	名称	図記号		摘要
		JIS C 0617	旧JIS C 0301	
3	断路器	07-13-06		
	双投断路器	07-13-07		
4	ヒューズ付き開閉器	07-21-07		
5	ヒューズ付き断路器	07-21-08		
6	ヒューズ付き負荷開閉器	07-21-09		
7	作動装置 (一般図記号)	様式1 07-15-01 様式2 07-15-02		継電器コイルと同じ

245

⑦ 検出器・センサ

No.	名称	図記号		摘要
		JIS C 0617	旧JIS C 0301	
1	リミットスイッチ	07-08-01		メーク接点
		07-08-02		ブレーク接点
		07-08-03		機械的に連結される個別のメーク接点とブレーク接点をもったリミットスイッチ
2	温度感知スイッチ	07-09-01		
		07-09-02		
3	熱継電器のヒータエレメント	02-13-25		熱継電器による操作例えば過電流保護
4	近接センサ	07-19-01		

資料 巻末資料 JIS C 0617

⑦ 検出器・センサ (続き)

No.	名称	図記号		摘要
		JIS C 0617	旧 JIS C 0301	
5	**触れセンサ**	07-19-04		
6	**近接スイッチ**	07-20-01		メーク接点
7	**触れ感応スイッチ**	07-20-02		メーク接点
8	**磁気感応スイッチ**	07-20-03		磁石の接近で作動する近接スイッチ

⑧ 保護装置・ランプ・故障表示器

No.	名称	図記号	摘要
1	**ヒューズ** **（一般図記号）**	07-21-01	
2	**警報ヒューズ**	07-21-03	機械式リンク機構の備ったヒューズ
3	**信号ランプ**	08-10-01	RD：赤 YE：黄 GN：緑 BU：青 WH：白
4	**セン光形の** **信号ランプ**	08-10-02	
5	**ベル**	08-10-06	
6	**ブザー**	08-10-10	

資料　巻末資料　JIS C 0617

⑨ 指示計器

No.	名称	図記号	摘要
1	**指示計器**	08-01-01	※は測定量の単位を表す文字記号や測定する量を表す文字記号などの一つで置き換えて使用
2	**電圧計**	08-02-01	
3	**回転計**	08-02-15	
4	**計器用変圧器**	様式1 06-13-01A 様式2 06-13-01B	

249

文字記号　JEM1115 （抜粋）

機能を表す文字記号（JEM1115 抜粋）

No.	用語	文字記号	文字記号に対応する外国語
1	自動	AUT	Automatic
2	手動	MAN	Manual
3	運転	RUN	Run
4	始動	ST	Start
5	寸動	ICH	Inching
6	停止	STP	Stop
7	非常	EM	Emergency
8	切替	COS	Change-Over
9	開路	OFF	Off
10	閉路	ON	On
11	補助	AX	Auxiliary
12	過負荷	OL	Overload
13	正	F	Foward
14	逆	R	Reverse
15	前	FW	Foward
16	後	BW	Backward
17	左	L	Left
18	右	R	Right
19	高	H	High
20	低	L	Low
21	上昇	U	Up
22	下降	D	Down
23	加速	ACC	Accelerating
24	減速	DE	Decelerating

資料 巻末資料 JEM1115

機器・器具を表す文字記号（JEM1115抜枠）

No.	用語	文字記号	外国語（参考）	用語の意味（参考）
1	制御機器 制御器具	—	Control apparatus,Control device	電気機器・電気装置を監視制御するための機械器具の総称
2	スイッチ開閉器	S	Switch	電気回路の開閉または接続の変更を行う機器
3	ボタンスイッチ	BS	Button switch	ボタンの操作によって、開路または閉路する接触部を持つ制御用操作スイッチ。ボタンの操作によって押しボタンスイッチと引きボタンスイッチとがある
4	切換スイッチ （セレクタスイッチ）	COS	Change-over switch, (Selector switch)	二つ以上の回路の切換えを行う制御スイッチ
5	非常スイッチ	EMS	Emergency switch	非常の場合に、機器または装置を停止させるための制御用スイッチ
6	ロータリスイッチ	RS	Rotaly switch	回転操作によって、連動して開路または閉路する接触部をもつスイッチ
7	照明灯	L(IL)	Lamp, (Iluminating lamp)	必要とする明るさを得るための電灯
8	表示灯信号ランプ	SL(PL)	Signal lamp, (Pilot lamp)	電灯などの点灯または消滅によって、機器、回路などの状態を表示する機器
9	警告灯	—	Warning lamp	明かりを明滅させ、周囲に注意を与えるための電灯
10	ベル	BL	Bell	電磁石で振動する振動鍾にりん（鈴）を打たせる音響器具
11	ブザー	BZ	Buzzer	電磁石で発音を振動させる音響器具
12	リミットスイッチ	LS	Limit switch	機器の運動行程中の定めた位置で動作する検出スイッチ
13	近接スイッチ	PROS	Proximity swtich	物体が接近したことを無接触で検出するスイッチ
14	光電スイッチ （光スイッチ）	PHOS	Photoelectric switch, (Photo switch)	光を媒体として、物体の有無または状態の変化を無接触で検出するスイッチ
15	圧力スイッチ	PRS	Pressure swtich	気体または液体の圧力が予定値に達したとき、動作する検出スイッチ
16	継電器	R(RY)	Relay	あらかじめ規定した電気量または物理量に応動して、電気回路を制御する機能を持つ機器

251

機器・器具を表す文字記号（JEM1115 抜枠）(前ページの続き)

No.	用語	文字記号	外国語（参考）	用語の意味（参考）
17	補助継電器	AXR	Auxiliary relay, (All-or-nothing relay)	保護継電器、制御継電器などの補助として使用し、接点容量の増加、接点数の増加、限時の付加などを目的とする継電器
18	キープ継電器	KR	Keep relay, Electric reset auxiliary relay	入力があって動作すると、その入力が徐かれても動作状態を保持する電気復帰の補助継電器
19	限時継電器	TLR (TR)	Time-lag relay,Timing relay	予定の時間遅れをもって応動することを目的とし、特に誤差が小さくなるように考慮した継電器
20	時延継電器	TDR	Time-delay relay, Delayed relay	予定の時間遅れをもって応動することを目的とし、誤差に対して特別の考慮をしていない継電器
21	電磁接触器	MC	Electromagnetic contactor, Contactor	電磁石の動作によって、負荷電路を頻繁に開閉する接触器
22	電磁開閉器	MS	Electromagnetic switcn, Electromagnetic starter	過電流継電器を備えた電磁接触器の総称
23	ヒューズ	F	Fuse	回路に過電流、特に、短絡電流が流れたとき、ヒューズエレメントが溶断することによって電流を遮断し、回路を開放する機器
24	遮断器	CB	Circuit-breaker	通常状態の電路のほか、異常状態、特に、短路状態における電路をも、開閉し得る機器
25	誘導電動機	IM	Induction motor	交流電力を受けて機械動力を発生し、定常状態において、あるすべりをもった速度で回転する交流電動機
26	インバータ	INV	Inverter	直流を交流に変換するまたは商用電源から可変電圧可変周波交流に変換する電力変換装置
27	電磁ブレーキ	MB	Electromagnetic brake	電磁力で操作する摩擦ブレーキ
28	電磁クラッチ	MCL	Electromagnetic clutch	電磁力で操作するクラッチ
29	電磁弁	SV	Solenoid valve	電磁石と弁機構とを組み合わせ、電磁石の動作によって、液体の通路を開閉する弁
30	抵抗器	R	Resistor	回路の中で抵抗の特性を持つ機器

索 引

【数字・アルファベット】

1サイクル運転	173, 174, 176
1入力オンオフ回路	157-158
2位置4ポート形	116
2進化10進数	150
2進カウンタ型フリップフロップ回路	153-155
3位置4ポート形	117
4ステップリングカウンタ	155-157
4ステップリングカウンタ回路	153, 156
7 SEG LED	62
7セグLED	62
AND回路	135-136
A接点	10
BCD	150
B接点	10
C接点	10, 66
LAN（Local Area Network）	5
LCA（Low Cost Automation）	3
LED	61
NC（Normal Close）接点	11
NO（Normal Open）接点	11
NOT回路	138-139
OFF	10
OFFディレー形	147
ON	10
ONディレー形	147
ON－OFF信号	15
OR回路	137
PWM	94, 95-97
SRフリップフロップ回路	139, 153
T接点	66
VA	27

【あ行】

アクチュエータ	78, 101
後（新入力）優先回路	144
アナログ式指示計器	64
アラゴの円盤	88
安定化電源ユニット	118-119
移載装置	44, 45
位置検出器	78
一方向インターロック回路	142
一致信号	76, 77
インターロック	166-168, 185-191
インバータ（Inverter）	87, 94-99, 139
内側摩擦板	112
エアシリンダ	44, 45, 46
永久磁石	30, 99
エンコード（Encode）回路	150-151
オープンコレクタ	34
押しボタンスイッチ	12, 53-55
オフディレー式タイマ	67
オフブレーキ	85, 114, 199
オルタネイト形押しボタンスイッチ	53
オンディレー式タイマ	67
温度スイッチ	84-85
オンブレーキ	114, 199

【か行】

回数制御	173
階層方式	183
回転磁界	88
開閉容量	193
回路図	35
カウンタ	69-71
カウンタ型フリップフロップ回路	153
可逆運転回路	166-167

253

角型三相波形..101
かご形モータ..88, 89
片ソレ..................................45, 116, 198
カップモータ..101
過電流しゃ断器......................118, 119-120
過電流引き外し装置..............................122-123
可動接点..54
過負荷継電器..71
可変速制御電動機....................................86
可変速電動機..................87, 92-102, 103-112
カムスイッチ..57
簡易自動化..2-3
慣性モーメント................................32, 101
完全電磁形..122
記憶回路..41, 43
機械的干渉..187
基底周波数..104
基定速度..98
基底速度..104
きのこ形ボタン..54
基本論理回路..................132-133, 135-139
逆起電力..193, 194
逆相制動..171
キャリア周波数..97
吸引力..30
共通線（Common Line）..................23-24
切換スイッチ..56-58
切換え接点..11, 66
近接スイッチ..81-82
駆動ギア系..107
駆動制御機器......................................86-117
グラフィックディスプレイ.........................214
計数回路..........................153, 159-161
警報器具..53
限時継電器..67-68
限時動作形..147
限時復帰形..147
コイル..30, 229
工業用コンピュータ................................202
光電スイッチ..82-84

効率..29, 91
交流回路..27
固定接点..54
コンタクタ..71
コンタクトブロック部................................54

【さ行】

サーボモータ....................................101-102
サーマルリレー................................71, 72
先優先回路..143, 170
サムホイールスイッチ................................59
サムロータリスイッチ................................59
三相導電動機駆動用可変周波数発生器.........87
三相誘導電動機................................88-91
残留接点形操作器具................................53
シーケンサ（PLC・Programmable Logic
　Controller）..5
シーケンス制御..4
シーケンス制御回路図..............................130
シーケンス制御用機器・器具......................50
シーケンス制御用コンピュータ.................203
シーケンスプログラミング....................213-232
シーケンスプログラム................................208
時間制御..132
自己保持回路..............40-43, 169-170, 173-177
指示電気計器..64
システム化..182-184
自動運転............................46, 173-181
自動運転制御回路....................................47, 173
自動サイクル..46
自動サイクル運転....................................46
自動制御..3
始動電流..91
始動トルク..90
自動復帰形..72
自動復帰接点形操作器具.........................53
シフト回路........................153, 159-161
十字形方向スイッチ................................58
主回路..162-163
出力一定制御................................104, 105

254

索引

出力信号 10
出力特性曲線 89
出力部 204, 208
手動運転 56
手動開閉器 164
手動操作 174
手動復帰形 72
順序制御 132
順序制御回路 173
ジョイスティックスイッチ 58-59
条件制御 132
消費電力 25-28
シンボル 35-36
真理値表 136
数値設定 59
スナップアクション 58
スナップアクション機構 79
スナップスイッチ 58
スパークキラー 194
すべり 91
スリップ 91
寸行運転 171-172
制御回路 162-163
制御回路電圧 24, 192-193
制御器具 21-22, 65-75
制御機能 20
制御盤 7
制御盤内部接続図 130
制御部 204, 207
制御弁 116
絶縁変圧器 118, 192
接触信頼性 193, 194
接触抵抗 22
接続図 35-38
接地 (アース) 24
線間電圧 28
センサ 76-78
選択スイッチ 56
線電流 28
全負荷電流 91

全負荷トルク 90
操作器具 51-64
操作機構部 54
操作盤 7, 51
操作盤スイッチ配置図 130
双方向インターロック回路 143
速度指令用信号電圧 92
外側摩擦板 112
ソフトワイヤドコントローラ (Soft Wired
    Controller) 202
ソレノイドバルブ 45, 116-117

【た行】
台形タイムチャート図 129
タイマ 67-69
タイマ回路 147-149
タイムチャート 127-129
タイムリレー 67
縦書き 36-37
ダミーリレー 177
ちょい回し 171
直流回路 25
直流電動機 87
直列接続 21
直列方式 183
直列優先 (順序) 回路 145
定回転速度電動機 87
定格電流 91
定格トルク 90
抵抗負荷 27
停動トルク 90
定トルク電動機 98
デコード (Decode) 回路 151-152
デジスイッチ 59-60
デジタル回路型応用回路 150-161
デジタル制御装置 59
デジタルパネルメータ 64
デジタル表示器 62-63
デュアルサーキット 190-191
電気 (制御) 機器配置図 130-131

255

電気接続図	35-38
電気部品表	131
電磁開閉器	71-75
電子カウンタ	70
電磁カウンタ	70
電磁クラッチ	112-115
電磁継電器	14, 65-67
電磁コイル	41
電子式	122
電子式タイマ	67-69
電磁石	30
電磁接触器	65, 71
電磁ブレーキ	113
電動機制御回路	164-172
透過形	82-84
同期速度	88, 91
動作遅れ	31
トータルカウンタ	70
トグルスイッチ	58
ドッグ	45
トランスファー接点	66
トリップ機構	121
トルク一定制御	104
トルク－出力特性	104
トルク－速度特性曲線	89
トルク－速度特性図	98, 99

【な行】

二値信号	15
二値論理	134
入力信号	10
入力電圧	92
入力部	204
熱動形過電流継電器	72-73
熱動－電磁形	122
ノイズフィルタ	119

【は行】

配線系統図	131
配線用しゃ断器	119, 121-122

バイナリー信号	15
白熱電球	61
発光ダイオード	61
反射板形	82-84
ハンディプログラミングツール	214
反転回路	139
反復運転	164
盤用冷却ユニット	119
光ファイバ	84
非常停止用	54
皮相電力	27
火花	32, 193-194
ヒューズ	119-120
ヒューズスイッチ	120, 164
表示器具	51-64
表示用ランプ	60-61
ビルディングブロック型	210, 211-212
フィードバック	92
フィードバック制御	3, 4
不一致検出回路	190
封入形マイクロスイッチ	78
ブール代数 (Boolean Algebra)	133
フールプルーフ (Foolproof)	185
フォトカプラでガード	208
負荷電流	29
部分図 (補足説明図)	131
ブラッシュレスDCモータ	87, 99-101
プランジャー形リレー	66
プリセットカウンタ	70
フリップフロップ (Flipflop) 回路	139, 153-158
ブレーク (Break) 接点	11
プレッシャースイッチ	84
フロートスイッチ	84
プログラマブルロジックコントローラ (PLC・Programmable Logic Controller)	202
プログラミングツール	213
並列接続	21
並列方式	183
並列優先回路	146

変圧器 118	論理積（AND） 136
放電 32	論理素子 134
保持接点形操作器具 53	論理代数 133
母線 23-24	論理和（OR） 138
ポテンショメータ 92	

【わ行】

ワンボードシーケンサ 202

【ま行】

マイクロスイッチ 79-81
巻線形モータ 88
摩擦力（駆動部の損失） 107
無接点出力回路 33-34
無負荷速度 91
メーク（Make）接点 11
モータ式タイマ 68
モード設定回路 174

【や行】

有効電力 27
有接点出力回路 33
優先回路 142
誘導負荷 27
ユニット型 210-211
横書き 36-37

【ら行】

ラダー方式 214
リードスイッチ 82
力率（cos θ） 27
リバーシブルカウンタ 70
リミットスイッチ 13, 78-84
両ソレ 117
リレー 14-15
レーザ光線 84
レバースイッチ 58
連続運転 164, 171-172
連続サイクル運転 173, 176
連動運転 48
論理 132-133
論理回路 132-133
論理式 136

257

● 著者略歴

望月　傳（もちづき　でん）

山梨大学工学部電気工学科卒業
池貝鉄工株式会社電気部長・研究開発部長歴任
日本工作機械工業会技術委員会委員
日本工業標準調査会産業機械用電気装置専門委員会委員
株式会社清康社取締役技術部長
株式会社太陽システム専務取締役退任

● 主な著書

「工作機械の自動制御」（産報）
「機械現場の基礎電気　電気機器の正しい選び方」（技術評論社）
「どこの工場でもできる自動化の設計と製作」（近代図書）
「イラスト・図解　基本からわかる電気の極意」（技術評論社）
「イラスト・図解　機械を動かす電気の極意　自動化のしくみ」（技術評論社）
「絵とき　シーケンス制御基礎のきそ」（日刊工業新聞社）
「機械現場で役立つ電気の公式・用語・データ　ハンドブック」（日刊工業新聞社）
「困ったときにきっと役立つ　機械制御の勘どころ」（日刊工業新聞社）
「すっきりなっとく　電気と制御の理論」（技術評論社）
「図解　ゼロから学ぶシーケンス制御入門」（技術評論社）

増補改訂レベルアップ版
図解でわかる　シーケンス制御の基本

1998年12月27日　初　版　第1刷発行
2018年　5月　1日　第3版　第1刷発行

著　者　望月　傳
発行者　片岡　巌
発行所　株式会社技術評論社
　　　　東京都新宿区市谷左内町21-13
　　　　電話　03-3513-6150　販売促進部
　　　　　　　03-3267-2270　書籍編集部
印刷／製本　昭和情報プロセス株式会社

定価はカバーに表示してあります。

本書の一部または全部を著作権法の定める範囲を超え、無断で複写、複製、
転載、テープ化、ファイルに落とすことを禁じます。

© 2018　望月　傳

造本には細心の注意を払っておりますが、万一、乱丁（ページの乱れ）や落丁
（ページの抜け）がございましたら、小社販売促進部までお送りください。送料小社
負担にてお取り替えいたします。

ISBN978-4-7741-9679-4　C3054

Printed in Japan